我的第一本
廣告行銷影片
企劃實戰書

作者 楊易

知名廣告導演、編劇

前 言

「要做好影片策劃者的工作,最關鍵的兩個技能就是『風險管控』跟『期望值管理』,無論對上(長官/老闆)或對下(合作團隊)都是如此,才能減少來回的溝通成本,創造整個團隊合作時的正向循環。不然,做出來的東西怎麼會好?」

其實我想動筆寫這本書已經有好幾年了,從我還在對岸做廣告創意與導演工作時就開始醞釀。那時候的中國廣告市場經歷了第一波「自媒體突起」,讓原本就競爭越來越激烈的廣告產業受到重創,騰出來的市場空間被許多新興數位行銷或自媒體相關團隊補上。雖然這讓與行銷相關的影片有了更多元的表現方式,但也因為真正懂得做廣告行銷企劃的專才,像是廣告業務(AE, Account Executive)、創意總監(CD, Creative Director)等紛紛跟著公司轉型或順勢退場,而客戶端也普遍沒有夠完整的廣告行銷團隊,因此形成了廣告行銷專業知識上的「斷層帶」,這個斷層往下延燒到「影片策劃」的環節,導致廣告行銷影片的品質與效力普遍開始下墜。

在我回到台灣之後,發現這個現象因為多數企業信奉 cost down 思維的關係,斷層的狀況甚至比對岸還要嚴重,許多劣質或無效的廣告行銷影片充斥於社群媒體。而在客戶端,我最常聽到的抱怨是他們跟某個影片製作團隊合作的慘痛經驗,花了「不少錢」,結果拍出來的影片「很爛」、「沒效果」,或甚至「被長官/網友罵爆」,覺得製作團隊實在非常「不專業」。但真的是製作團隊的錯嗎?

而且我看到的問題還不只這個,大家都知道台灣人非常愛「跟風」,多年前曾有一陣子非常流行拍「廣告微電影」,什麼都要拍

成感動人心的微電影，最後連政府單位都在招標微電影（但是預算很多時候都規劃不足），以至於當時整個網路上看到的廣告行銷影片似乎都是微電影。我當時就在想，大家到底是因為純粹愛跟風，還是真的不知道有其他的影片類型可以選用？這些事情後來都慢慢在我腦海中沈澱，成為我想寫這本書的動機。

我覺得自己算很幸運，因為先前在廣告圈子的歷練，讓我有機會跟許多廣告行銷前輩們學習，因此對「影片策劃」有更深入的了解，我也在回台後常跑去幫一些客戶上課，幫忙補一補因為廣告大環境出現「斷層帶」而需補足的基礎知識，讓客戶跟製作團隊在一定專業知識的基礎上，真正地相互協助合作，做出能「瘋轉」甚至「瘋轉換」的好影片。

那時的課程得到了很多客戶的正面回應。這兩年，我慢慢的把這些 know-how 整理成一本書，而且是一本希望大家閱讀起來能產生「上課臨場感」的書，裡面隨時有參考影片可以看（連結都會放在這本書專屬的雲端資料庫表格裡，也可以直接上網搜尋關鍵字），有即時演練可以驗證所學，也有我個人愛用的策劃輔助工具提供給大家使用，成果便是這本廣告行銷影片的企劃實戰書。

This is a practical book. 這是一本「入門實用工具書」，很有可能它就是你第一本關於廣告行銷影片的策劃工具書籍，因此在這本書裡，我簡化了太過專業而複雜的廣告名詞和理論，讓內容更好理解，也更容易拿來運用。

對我來說，廣告行銷影片永遠不會「過時」，自媒體也永遠無法完全取代廣告行銷影片的功能與重要性。它能讓受眾關注商品與活動、建立品牌能見度、傳達品牌理念、強化或改變消費者印象、公告新商品或訊息。只要好好規劃，它一定會替你創造商機跟業績，讓你在策劃影片時不要再只看「價錢」，而能看到它的「價值」。

最後，我要特別感謝三合影像的創辦人劉松頤導演，在我撰寫這本書的過程中，給予我很大的協助，讓這本書能順利完成。我們衷心地希望能藉由這本書的內容，創造一個能讓「廣告行銷影片」越來越優質的正向迴圈，讓更多客戶跟創作者通力合作，創造好的作品，創造好的合作經驗，減少惡性溝通，也減少行業裡的惡性價格競爭。或許這有一定的難度，但總要有個開頭，希望這本書能成為觸發這開頭的其中一個火花。

楊易 導演

2021 年 12 月 17 日 筆

▶ **本書影片案例清單**

本書超過 90 則案例參考影片，請開啟此短網址，對照章節編號，在清單中開啟播放：
https://bit.ly/2022cfbook

影音浪潮下企業必備的行銷技能

　　和易導是在美國邁阿密唸書時候的舊識，當時大部分留學生都還在摸索校園環境、融入美式文化及課業的狀況下，初露鋒芒的易導已經被許多知名團隊相中，跋山涉水至世界各地拍片，成為校園中傳奇人物。

　　最令大家印象深刻的是，當時還在就讀電影研究所的易導，畢業作品需募資拍片，由於周圍朋友當時都是窮學生，能幫忙捐個美金百元就已經是超級好交情，但是畢業作品的募資目標高達三萬美金，將近百萬台幣之譜，因此，易導自己錄製了一段全美語 Native Speaker 的影片，完整說明畢業影片企劃理念，放上募資平台，就被一間國際製藥集團看中，直接補足了所需的資金。這件事情一直烙印在我的心裡，原來拍電影，不只是要把劇本、演員找好，還要兼具找資金、了解市場行銷及如何整合資源。

　　回到台灣後，從事行銷工作多年，我個人創立大家數位行銷，九年期間服務了上百間的企業，從餐飲服務業至廣告代銷業，都可以看到我們的作品。在行銷服務內容上，影片企劃是絕對少不了的一環，從大家每天專注的臉書、IG、Youtube，甚至於要做活動頁面的推廣， 都需要有不同類型的影片去增加點閱率。但是痛苦的事情來了，大部分非行銷背景的客戶，都無法跳脫自己本身與品牌的框架，無法從消費者的需求點去思考，常常拍出來的影片點閱率極低，不然就是花了大量的廣告費去打影片廣告，完全沒有實質的成效及導購動能。

雖然說行銷影片跟業務績效不能完全劃上等號，但品牌客戶往往認為，如果影片沒辦法提升業績，預算就要縮減。但平心而論，這幾年竄紅的品牌或是知名 KOL，大多數都是因為影音串流平台的吸睛內容而受到社會矚目。

從學生時期到自己的行銷公司，跟易導這麼多年的情誼，也在影片上有大量合作基礎與默契，看到他嘔心瀝血撰寫這本廣告行銷影片工具書，在書中分析許多不同的廣告影片案例，我們行銷專業都受益良多。

相信企業端在影音浪潮下，未來會有更多的影片行銷需求，能找到類似像易導這樣的製作人才合作，不僅討論過程中能緊密貼近市場需求，呈現作品質感也會脫穎而出。所以這本書，以行銷人角度，誠摯推薦給大家！

陳思婷

大家數位行銷有限公司執行長

讓行銷企劃者不再頭痛的影片製作專書

在這個影像溝通更能擴散、更有力量的時代，相信許多工作者都不得不觸碰到影片拍攝這樣的工作。我自己拍了幾門線上課程，過程中也需要拍些宣傳影片來導購這些課程。有時候公司有些大活動、新產品，老闆交付應該要拍支影片來宣傳。甚至我也曾經接過企業的合作案，要在他們公司內部協助拍攝公司領導方針宣傳影片。

原本我們可能負責的是一般的企劃、行銷工作，甚至可能我們原本的工作是其他專業職能，但是為了幫自己做出來的產品、活動、品牌說話，我們都必須開始接觸「影片製作」這件事，而這時候你會發現，之前原來沒有人真正教會我們如何策劃一支成功的廣告行銷影片！

當然，你可能會說，現在市面上不是也有很多教你拍攝影片的書籍、課程嗎？但是，真正觸碰過上述影片製作需求的人就知道，關鍵往往不是在影片拍攝上面，而是要如何企劃出客戶、老闆滿意，受眾有感覺，且預算不爆炸，專案又能準時準確完成的影片。

因為如果我是一位企劃、行銷、產品與活動策劃者，當我要製作影片時，往往會找專業的影片拍攝團隊來解決「影片拍攝端」的問題，我們自己並不需要成為專業的導演或攝影者。但是，如何跟專業的影片拍攝團隊溝通？如何企劃影片的方向與內容？如何拿捏與調整拍攝預算？如何管理拍攝的時程，甚至有效的監督拍攝的進度？這才是我們這樣的工作者真正要解決的「影片企劃端」的問題。

而楊易導演的這本《我的第一本廣告行銷影片企劃實戰書》，正如其名，從上述這個對現代職場工作者來說不得不面對的問題，尤其針對企劃、行銷、業務、產品活動專案工作者的大問題出發，採取一個對我們來說「最有幫助的」切入角度，不是要教我們怎麼拍攝影片（那就交給專業導演吧！），而是要教我們如何企劃出好的影片想法、如何分析出有效的影片受眾、如何管理影片製作進度，甚至如何調整影片的預算。

　　身為編者，在合作這本書的過程中，我自己就不斷地感覺到自己之前矇著頭製作出來的影片為什麼被老闆打槍？為什麼效果不彰？為什麼預算爆表？等種種問題，而現在在這本書中都能獲得更好的解決辦法。

　　非常推薦現代職場的工作者，都應該從《我的第一本廣告行銷影片企劃實戰書》開始建立你的影片製作職能，甚至企業團隊老闆應該讓你的企劃、行銷團隊人手一本，因為它會教我們真正應該學會的部分，解決我們真正需要解決的問題，而問題往往都不是拍出一支影片就好！

Esor

創意市集副總編／電腦玩物站長

目 錄

Part 1 影片策劃力

Part 2 影片創意力

Part 1
影片策劃力

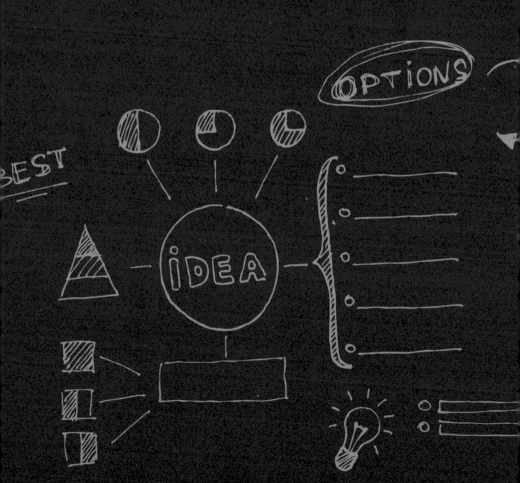

▶ 1-1
我需要什麼影片？
廣告行銷 7 大影片類型

身處網路時代的我們，早就已經習慣影片滿天飛的狀況，一打開網路就被鋪天蓋地的廣告行銷影片轟炸，所以我們對影片一點都不陌生，但當我們自己成為決策者，要決定公司、品牌、單位此時此刻需要製作哪種類型的影片時，就會完全不知如何下手！

畢竟每種廣告行銷的影片類型太多了，每一種影片類型的功能與效果也大有不同，是「感人微電影」比較好？還是「搞笑廣告」比較好？還是現在需要的，是另一種完全不一樣類型的影片？

在煩惱這個讓人頭疼的問題之前，先跟我一起來認識一下，當今最常見到的幾種廣告行銷影片類型！知道有哪些行銷影片類型，其實也就邁開了影片策劃的第一步。

⚙ 短秒數廣告

短秒數廣告傳統上又被稱為電視廣告（TV Spot），但因為現在廣告投放電視的比率大幅下降，所以這種類型的廣告行銷影片不再局限於「電視」兩字，而更常在 YouTube 等網路平台上出現。

短秒數廣告的長度一般有分 5 秒、15 秒、30 秒與 60 秒，這是在傳統的電視媒體上購買廣告時間的標準規格，在製作的時候通常會拍攝較長的版本（例如拍攝時先規劃 60 秒廣告），然後再剪成更短的秒數來因應不同廣告秒數需求，當然現在網路平台的廣告秒數更加自由，但因為收費方式也都有 30 秒或 60 秒的級距，所以一般廣告主都還是會依據傳統的標準秒數來製作。

短秒數廣告的特色就是它的播放對象與時間限制，因為秒數短，在廣告預算上適合廣為投放，當作是突破粉絲同溫層、吸納新用戶的前鋒部隊：

> 短秒數廣告可以想像成
> 廣告行銷影片類型中的「傳單型影片」，
> 目的是吸引觀眾眼球，讓觀眾產生想要
> 進一步了解品牌或商品的衝動。

品牌形象片

在國外品牌形象類的影片被稱為 Image Video 或 Brand Video，這種影片跟企業常放在網站上的「簡介影片」屬於不同類型的影片。品牌形象片的特色，顧名思義就是讓觀看的人對你的品牌產生一個

印象、一種感受，觸發的是觀看者的「感性右腦」。

所以在這類影片中，一般不需要放入公司成立年份，不需要放入企業的版圖或公司規模，而更著重在企業或品牌的理念、文化與任務，目的在讓潛在用戶、既定用戶或甚至想跟公司合作，或想來公司任職的人快速地對你的公司跟品牌產生良好的第一印象。

這類影片只要在影音平台上用關鍵字 Image Video 或 Brand Video 搜尋，就能找到很多的案例。品牌形象片跟短秒數廣告比，品牌形象片的秒數較長，通常在 1 ～ 3 分鐘左右，使用情境差異也頗大，較不適合做大範圍的投放，更適合做為中長期培養用戶與潛在用戶印象，或招募新進員工的工具：

> 品牌形象片可以想像成
> 廣告行銷影片類型中的「名片型影片」，
> 目的是讓觀看者想要進一步認識
> 企業與品牌，甚至想要主動聯繫、產生關聯。

NOTE 影片參考清單「1-1-1 形象影片 臺北流行音樂中心」

NOTE 本書所有參考影片，請開啟此短網址，在清單中開啟播放：
https://bit.ly/2022cfbook

說明影片

相對於品牌形象片的感性印象，說明影片（國外稱 Explainer Video）的特色就是「理性說明」，不論說明的內容是企業概況、公司服務，或是商品使用方法，都屬於簡介影片這個類別。

這邊值得一提的是，有些人會把公司簡介片（Company Intro Video）獨立成一種類別，但我認為在當今的廣告行銷環境下，觀眾專注力越來越短，公司簡介片能有效使用的時機越來越低，因此存在的必要也開始下降，所以便被我納入到說明影片的類別中。

因為說明影片的目的在於資訊說明，如果沒有額外加入創意包裝，難免會比前兩種類別更枯燥一點，但這其實是沒有關係的，因為通常觀看者是帶有強烈的目的在觀看說明影片：

> 說明影片的首要任務就是能有條理、有邏輯地
> 把資訊交給想要得到這些資訊的觀眾，
> 可以想像是廣告行銷影片類型中的
> 「使用手冊型影片」。

🔅 廣告微電影

大家都很喜歡看有劇情的影片，透過角色創造衝突，說出一個好笑或感人的故事，這確實有非常大的吸引力（像是常見的泰國劇情廣告），也因此在近幾年這種類型的廣告行銷手法常被企業品牌拿來使用，從銀行業、房地產業、食品業到政府公部門，都有策劃過這種廣告微電影，一般影片長度落在 3~8 分鐘之間。

如果真的要說廣告微電影的特色，除了很依賴故事性（製作團隊的編劇能力）之外，應該就是製作預算的規模跟製作上的複雜性，簡單說，要拍好一部廣告微電影，不但腳本要好，攝影、燈光、美術、演員、剪接等都要有戲劇的水準，否則很容易被要求越來越高的觀眾吐槽，造成品牌與公司的負面影響。

> 廣告微電影的型態更像是一種昂貴的噱頭，
> 可以想像成廣告行銷影片類型中的
> 「故事書型影片」。

但是，影片策劃者要能清楚意識到，要讓觀眾能靜下心來聽你說一個廣告行銷目的不明顯，只是想要讓觀眾對於品牌產生正面印象的「故事」，往往最終會感覺吃力不討好，花了很多錢卻覺得 CP 值不如其他方法，所以我都會建議我服務的業主謹慎考慮。

16

　　但也不能排除萬一成功了，很多廣告微電影的傳播力確實相當驚人，但就像我常說的「傳播力不一定等於轉換率」，例如最著名的大眾銀行廣告微電影。正確的心態是要知道廣告微電影絕非萬靈丹，把它當作廣告行銷的主力確實有風險。

見證影片

　　使用過公司商品或服務的人在鏡頭前闡述心得，這類影片就是見證影片（Testimonials），從最早電視台或廣播電台時期的藥品與健康食品廣告就已經非常盛行，當今國內外電視購物也都不會忘記加入見證分享的環節，證明它歷久不衰的強大廣告行銷效果。

　　見證影片的強大說服力，和古人所說「三人成虎」的效果雷同：

> 見證影片透過模擬左鄰右舍、親朋好友
> 口耳相傳的口吻，突破潛在用戶的心房，
> 讓他們怦然心動，堪稱廣告行銷類影片中的
> 「親友推薦型影片」。

　　然而，現在的見證影片比起以前，更講求見證者分享時的「真實感」，不論是多芬洗髮精的產品見證影片，到自媒體圈486先生的

使用者現身說法影片，都已經跟以前只是讓某個演員在鏡頭前讀稿子的感覺大不同，在影音媒體充斥的時代，製作有效的見證影片的難度與技術門檻比以前更高。

NOTE　影片參考清單「1-1-2 多芬極致養護系列 體驗實證」

微紀錄片

微紀錄片是指運用紀錄片手法的短分鐘影片，通常長度在 3~5 分鐘。紀錄片給人的印象就是強烈的「真實感」，因此如果公司或品牌想要傳達一種開誠布公的感覺給觀眾時，微紀錄片就是很好的廣告行銷工具。

微紀錄片拍攝內容可以是公司理念、企業文化、產品製作流程，或甚至老闆或員工的小故事，近年來我看過執行得最好的微紀錄片操作，莫過於中國製作礦泉水的品牌「農夫山泉」，在一系列的微紀錄片中，品牌總裁踏在山林雪地上的畫面，至今仍讓人印象深刻。

微紀錄片的另一個優勢，是很容易降低觀看者「被推銷」的防備心，跟微電影的優勢有點像，但執行方式、預算規模與製作技巧與微電影的戲劇拍攝方式差異頗大。

在網路自媒體的世界裡,有很多頻道甚至是以製作這類微紀錄片為其商業模式,例如中國的「一條」、「二更」,台灣的「一件襯衫」都是很擅長製作微紀錄片的頻道。

實境影片

有一種借用實境秀或實境採訪節目表現手法的影片,拍攝對象多半是素人(非演員),操作方式跟電視上看到的實境真人秀節目很像,在廣告圈,也有一個說法把它稱作「社會實驗影片」或「真人採訪影片」。

曾經紅極一時的「多芬我的美我相信」、「遠傳開口說愛」、「麥當勞母親節驚喜影片」都屬於這個類型。

NOTE 影片參考清單「1-1-3 麥當勞母親節驚喜影片」

> 實境影片的特色是它是僅次於微紀錄片類型
> 讓人感覺最「真實」的影片,但又比微紀錄片
> 戲劇化,更容易煽動觀看者的情緒。

較常用於展現「企業文化」與「品牌理念」,也通常跟社會議題、公益合作有關聯,但在製作團隊的技術要求不亞於微電影,操作手

法上又需要紀錄片的拍攝能力，所以這種影片相較於上述幾種類型，屬於技術層面上最為困難的。

🔅 其他類型

其實影片類型還有很多種，像是自媒體頻道上常看到的「開箱實測」、「短劇」、「小網劇」、「直播」、「QA 採訪」、「網路節目」等，因應社群媒體平台使用者需求與喜好的類型，這些影片往往都是由自媒體頻道主導，作為行銷上的輔助手段。本書討論的主軸中偶爾會提及，但不會列為重點。至於公司內部公關常會用到的活動紀錄與年會影片，屬於公司人力資源的領域，也暫不在本書中討論。

在了解幾種影片類型之後，在下一段落裡，我們就要嘗試把這幾種類型做分類，依據它們在廣告行銷的不同時期所擔任的角色來討論，希望可以減少因為誤判而選擇錯誤影片類型的狀況，浪費時間也浪費了寶貴又有限的行銷預算！

小提醒

　　很多人都有把看網路、逛社群時看到的好影片存起來的習慣，例如 YouTube 上的吸睛廣告，或是在臉書「廣告裁判」粉絲頁上看到印象深刻的好影片，你都會想要馬上存起來，但通常我們只是放在一個「稍後觀看」的大書籤或清單之下，之後反而很難拿出來參考。

　　如果你是影片策劃者，或者預期自己未來有企劃影片的需求，那麼未來做這個動作時，不妨在清單中，根據上面的影片類型做更細的分類（臉書跟 YT 都有子分類的功能），這樣不但能訓練快速分辨影片類型，還能順便從類型的角度去思考該影片的優劣跟有效性。

　　另外一個小撇步是除了關注影片本身，很多時候透過研究影片下方觀眾的留言，甚至是留言跟按讚的比例差別，反而能得到更寶貴的資訊。這些資訊在現在跨越多種平台的廣告行銷世界裡，都是非常有意義、值得深入研究的數據。

▶ 1-2
我想透過影片達到什麼目的？讓廣告行銷聚焦

廣告行銷影片的作用有很多種，它可以引發受眾關注商品與活動、建立品牌能見度、傳達品牌理念、強化或改變消費者印象、公告新商品或訊息等。一般而言，企業或品牌想製作影片，本身就已經有明確的目的，但有時候這個目的並不是非常清晰，或是越討論越模糊，這時候就應該回到最初發起這個想法時的目的，明確地定下來、寫下來，這樣才能更準確地選擇真正所需的影片類型跟廣告投放方式，讓影片在行銷規劃中發揮最大的效果。

◉ 廣告行銷影片的銷售漏斗

廣告行銷影片的銷售漏斗

吸引

說服

購買

粉絲

消費者的消費行為是右腦與左腦的一搭一唱，從最開始的認識品牌服務或商品，先引發其想要進一步了解細節的衝動，這時左腦的邏輯分析就會開始發揮作用：

- **我到底需不需要這個東西？**
- **買了真的有用嗎？**
- **是不是應該要再多比較其他不同品牌的商品？**

除非是做衝動型消費，一般在產生了想要得到更多資訊的慾望後，消費者就會想要了解更多的資訊。

但在資訊搜集足夠後，要讓消費者真的把錢掏出來，又再次需要依賴非理性右腦的幫助，例如用：

- **購買呼籲**
- **促銷優惠**
- **活動截止日期**

等等手法，讓消費者產生「現在不買就可惜了」的非理性想法，完成購買的行為。不過成功推銷出商品或服務之後，接下來的工作就是得讓他們成為忠誠度高的回流客，這除了上次的消費與使用體驗良好之外，還得透過各種方式不斷強化這些消費者對品牌的喜愛，讓他們成為「粉絲」，甚至是會幫你到處宣傳的「頭號粉絲」。

清楚購買行為的銷售漏斗之後，那前面提到的各種影片又可以在哪些階段發揮推波助瀾的作用呢？

◉ 引發關注 V.S. 資訊說明

廣告行銷影片以核心功能來區分的話，可以分為兩個大類別：

- 「引發關注型」的影片
- 「資訊說明型」的影片

「引發關注型」的影片能創造好奇、關注與非理性的衝動行為，適合放在銷售漏斗的「吸引」與「購買」的階段，這類影片通常秒數不長，也通常需要創意來成功引發關注，例如影片類型中的短秒數廣告、品牌形象片、廣告微電影、實境影片等，或是自媒體常見的創意短劇與銷售直播。

「資訊說明型」的影片則用來幫助觀看者了解商品資訊、使用方法、服務內容與流程、解答相關疑問、其他人使用感受等，這類影片因為觀看者通常已經對該商品或服務有一定的興趣，所以跟引發關注型的影片比可以長一點，對創意包裝的要求也相對低，甚至不需要什麼樣的創意包裝，例如影片類型中的各種說明影片、見證影片與微紀錄片，或是自媒體常見開箱影片跟 QA 採訪影片都是以提供資訊為主要目的。

以消費者購買汽車為例，通常你會先在電影或網路廣告上看到一款新車的短秒數廣告，引起你的興趣之後，你會開始在網路上「做功課」，搜尋這款新車的相關資訊，搜尋時你可能會看到一些自媒體頻道的競品車比較影片，或是汽車品牌官網上的商品介紹圖文介

紹跟影片，然而你搜集資料的同時，各搜尋平台跟社群媒體平台也沒閒著，透過數據發現了你的動作，開始推播這款新車的各種行銷資訊給你，甚至連你的 YouTube 搜尋上都會收到討論這款新車的內容頻道影片推薦。終於，你覺得自己資料搜集夠了，決定前往汽車展廳，親眼看一看這款新車的真面目，實際感受一下坐在它駕駛座裡的感覺，就在你進到展廳時，發現在新車旁邊的螢幕上播放著介紹這款新車各種新裝備跟功能的說明影片，甚至在等待銷售業務來帶你看車時，你看到另一旁的螢幕上正播放著該品牌針對這款新車的車主形象影片，這時你已經深陷銷售漏斗中，往往最後只需要業務的話術跟降價或贈送技巧，就能讓你完成購買的行為。

> 試著思考一下，在這整個左腦右腦來回翻轉的過程中，你看到跟這款新車有關的影片有多少部？有哪些類型互補？我敢肯定至少3部甚至5部以上，影片在廣告行銷中的關鍵性可見一斑。

單一影片絕非萬能

我有一個自己經常分享給客戶的小觀念，就是影片絕非萬能，尤其常發生在自以為影片無限可能與有無窮效用的客戶身上，當他們

回答：「我想透過影片達到什麼目的？」這個問題時，總能列出一個長長的清單：又是要引發注意，又想要放入很多資訊，最好還能看完馬上產生購買衝動，如果又能讓現存用戶增強品牌忠誠那就太棒了。但在現實世界裡，這實在是強人所難！

每種類型的影片都是絞盡腦汁、集中火力
在創造印象、整理資訊或改變行為，
最多只能達成1~2個目的，讓消費者
在銷售漏斗中不斷地往下一層邁進。

　　若因為想節省預算或太貪心，最後的結果往往是一部各種效果都不理想的影片。

小演練

　　分析你目前正在規劃的影片是屬於銷售漏斗中的哪個階段所需？若要用一句話說出該影片的目的你會怎麼描述？最後試想看看，哪一種類型的影片可能可以符合你的需求。

▶ 1-3
如何規劃出有成效的影片？
找出行銷關鍵問題

很多時候影片不只是要達成某個目的，更是要解決某個品牌在推廣或商品在銷售時遇到的關鍵問題。所以如果你在確認影片目的時，突然驚覺到這個目的似乎不是很清楚，那就要趕快回到一切的源頭：做這支影片到底是為了解決行銷過程中的什麼問題呢？然後再來思考要解決這個問題，步驟應該如何，影片需要幾支？類型又為何？這樣從源頭一層一層推下來，才能策劃出想法完整、成效顯著的廣告行銷影片。

◈ 找出「關鍵問題／大問題」（The Big Problem）

這個段落看似跟影片策劃無關，畢竟商品賣不好、用戶成長率停滯、網路品牌負評多，這些都屬於「行銷（Marketing）」的範疇，而影片只是行銷大計劃中的一種工具而已。

然而，這卻很常出現在我跟自己客戶的討論對話中，他們不一定是在策劃影片時才回頭去找行銷問題，但卻常常到了要做影片，被我反問的時候才開始思考：「對齁，製作這種影片是否能幫我解決我現在面臨的行銷問題？」

> 因此在策劃影片時，先把你們行銷團隊遇到的
> 「關鍵問題/大問題（The Big Problem）」
> 寫在白板最中間的圈圈裡，就已經成功一半了。

　　但對於身邊沒有行銷專家的人來說，該怎麼從表面上的問題或甚至老闆的喜好跟指令中，找出那個想要用廣告行銷影片解決的關鍵問題呢？

第一步：連問 5 個為什麼

　　當年我從國外研究所畢業，剛回國就遇到讓我踏入影片行銷領域的貴人，他是我第一份工作的老闆王導，他不但是身經百戰的廣告人，更是方法學與系統研究的達人，當時他就曾告訴過我，每次接到客戶要策劃影片的需求，就要立刻站在客戶的立場「連問 5 個為什麼」！

　　如此一來很快地就能找到影片的目的、創意該圍繞的核心，在這個過程中幫客戶反思，是不是除了影片還需要搭配其他的行銷手段才能讓影片發揮最大效果，或甚至很有可能發現原來製作影片並不是現在的當務之急，他常常因此得到客戶由衷的信任。

　　我們以前言提到的「感人微電影之亂」來舉例，如果今天你接到老闆或長官想要做感人微電影的指令，不妨嘗試這樣連問：

Q 為什麼想要做一支感人微電影？

A 因為想要讓品牌能在競品紅海中被人看到。

Q 為什麼品牌容易在競品紅海中被埋沒？

A 因為消費者對於品牌的特色沒有深刻印象。

Q 為什麼消費者對品牌特色沒有印象？

A 因為我們沒有花足夠的力氣去強調我們與眾不同之處。

Q 為什麼沒有去強調？

A 因為行銷團隊一直沒有明確分析出來。

Q 為什麼沒有分析出來（就要開始策劃影片）？

A 因為策劃影片的需求並非來自行銷分析。

一般而言，問到第三層就大概會知道問題在哪，再繼續問下去，通常就能找到在策劃影片之前那些不足的資訊或不夠完整的分析。列出每層的答案後，就可以開始一層一層往上反推，結論基本上就呼之欲出了。

以上面的 5 問為例，我們很快地就會發現，這個時候的當務之急，應該不是進行影片策劃，而是讓行銷團隊先做好功課，幫品牌現況做個 SWOT 分析，做出判斷，制定行銷策略來解決這個問題，然後最後才是從影片策劃的角度去想，現在的行銷策略裡，有哪些目的透過影片來達成效果最好，哪種影片類型最適合用來達到目的。

以行銷要解決的關鍵問題來看，或許最後的結論反而是策劃一支講創辦人創業艱辛的微紀錄片，或是一部闡述品牌核心理念的短秒數廣告，都比一開始老闆想的「感人微電影」來得更有效果。

第二步：5W2H 七何分析法

找出關鍵問題跟影片目的後，就要開始圍繞著這個目的去做影片策劃的「總分析」，這個階段有很多不同的分析法可用，不過我自己還是鍾愛最基本的「5W2H 法」或稱「七何分析法」，簡單說就是：

- **Why** （為何）
- **What** （何事）
- **Who** （何人）
- **Where** （何處）

- **When** （何時）
- **How** （如何）
- **How much** （何價）

下面我從影片策劃的角度來討論每一項的重點。

» Why（為何拍／目的為何）

如果在策劃影片前對影片的目的並不是很清楚，運用上一章節跟這一章節前半的方法，應該就能順利的找到「影片目的」，以及影片是為了想解決什麼樣的行銷問題，這些都應該在開始想影片類型跟影片創意之前就要非常清楚。

» What（要傳達的訊息為何）

延續 Why 的部分，在知道影片的目的為何之後，應該就能訂出這支影片「想要傳達的訊息」，最好簡單到用一句話來講述。

例如：影片的目的是要改變消費者對與品牌車子很耗油的印象，那麼傳達的訊息可能會是「技術再突破！OOO 車新引擎系統省油率直逼 XXX ！」（更偏向改變消費者對產品印象） 或是「永不停止地提升品質，是我們 OOO 做車的理念！」（更偏向改變消費者對品牌印象）。先定清楚好 What，可幫助自己在創意發想階段不跑偏方向。

» Who（目標觀眾／受眾是誰）

品牌或商品本身就會定義出所謂的「目標族群」，又稱「受眾」或 TA（Target Audience），但對於影片來說，往往 TA 又會比品牌或商品定義出的族群還要再小一些，用上一章節提到的「銷售漏斗」來思考就會知道為什麼不同階段的消費者會需要不同的影片。

　　在我的經驗裡，弄清楚並充分了解目標觀眾是任何影片成功的最大關鍵，因此在下一章節中我會把這塊拉出來單獨討論。

» Where （播放的渠道或地點在哪）

　　在策劃影片時最常被忽略的一個考量點就是「播放渠道」或「播放平台」，或者說播放渠道對於類型選擇甚至創意內容是有關鍵影響的。

　　在網路上播放或電視上播放就會有平台觀看習慣的差異，通常電視觀眾會被動地把廣告看完，但網路觀眾更常主動關閉前五秒讓人感到無聊的廣告。

　　除此之外，對於將在「線下」播放的影片來說，場地或地點的特性對於影片策劃也有關鍵性的影響。舉例來說，我曾有個客戶想規劃一部在賣場專區輪放的影片，主管想做「微紀錄片」的類型，立刻被我打槍，因為賣場環境通常吵雜，並不適合微紀錄片這種依賴配樂與感性訪談的觀賞。

» When （播放的時機是何時）

　　影片的播放時機，除了指這支影片處在行銷漏斗中的位置，會直接影響它的目的跟適合的類型選擇之外，還有它在單次行銷推廣計

畫中的出場時機。

例如某次戶外社會實驗的行銷活動，在活動開始前可能會用一支影片來引起好奇，拉攏消費者前往關注，活動後會有一支影片把整個過程以及活動背後的理念、想傳達的訊息講出來，這兩支因為播放時機不同，當然目的也就不同，在策劃時就會往兩個完全不同的方向去發想。

» How （影片類型 / 內容創意為何）

在確認上面幾個 W 之後，就終於可以來到 How 的這個環節，也終於可以正式地選擇最適合完成這次目標任務的影片類型，以及開始發想影片創意跟腳本內容，不過創意屬於影片策劃中最「感性」的一塊，跟到目前為止的「理性分析」的思考方式差異頗大，我將在本書 Part 2 裡專門討論創意發想這部分。

» How much （時間跟預算有多少）

很多人會認為 How much 只跟錢或預算有關，這固然重要，也會影響你可選的影片類型 （例如微電影通常製作成本比較高，本書 Part 4 會有更詳細的剖析） 或創意表現形式跟劇情 （例如預算有限就不宜寫出太多或太複雜的場景）。

但「時間」也是在討論 How much 的時候的一個大重點，如果需要影片在兩、三週後上架使用，那某些需要較長籌備時間的影片類型或創意可能就得放棄，這部分在本書 Part 2 跟 Part 3 都將做更詳細的討論。

小演練

分析你目前正在規劃的影片是屬於銷售漏斗中的哪個階段所需？若要用一句話說出該影片的目的你會怎麼描述？最後試想看看，哪一種類型的影片可能可以符合你的需求。

如何分析影片受眾（目標觀眾）？
畫出一個完整人設

受眾（Target Audience，簡稱 TA），又稱目標族群，是廣告行銷常見名詞，意思是一個商品、服務或品牌在拓展市場時的主要銷售與推廣的對象。在行銷策略中「受眾」的特性是是非常重要的資訊，能夠幫助行銷人員更精準地做推廣跟銷售，減少在打廣告行銷戰時亂打廣告造成的預算浪費。

本章節會先從較廣的角度去討論受眾分析，然後再收斂回廣告行銷影片中受眾分析所得到資訊的正確運用，最後會用幾個案例來再次強調受眾分析在影片策劃中的重要性。

描繪出商品／品牌／影片受眾的「臉譜」

受眾臉譜（Target Audience Persona），也有人稱受眾樣貌，簡單說就是你現在與潛在用戶的「樣貌」，但到底什麼是「樣貌」？是年齡？職業？長相？個性？生活方式？興趣喜好？答案是以上皆是！但該如何搜集跟建立這些資訊呢？

> 在廣告圈子有一種普遍的做法，
> 就是會用文字跟圖片
> 形容出這個「標準用戶」的樣貌。

例如下面這樣的描述。

- 某小坪數建案受眾樣貌描述：

  30 左右的小資女，現職為外貿公司白領，是公司同事眼中工作幹練、外型亮麗的模範職員。她過去曾在日本留學，回國後不畏家長催婚，決定用自己的步調來過生活。她每天最大的嗜好，就是下班後到家裡附近的高級麵包店選購異國風味的糕餅買回家，週末晚上或許有訪客或許沒有，但都不忘會開一瓶不錯的紅酒犒賞自己。

- 某歐系品牌車主受眾樣貌描述：

  50 多歲的他，是一名自營企業小老闆，個性務實，不沈迷於品牌而更強調東西的實用與耐用性。他一輩子為了家人付出，如今孩子也將邁入高中大學，夫妻倆終於又有了自己的時間跟生活，也終於有空想到自己到底想要什麼。平時最大的喜好是跟太太一同去步道健走，買黑膠唱片回家珍藏賞析，相信活到老學到老。

如何搜集受眾資訊？有哪些管道？

傳統上來說，受眾的資料搜集會委託市調公司，以「市場調查電話」的方式，來進行問卷的設計跟資料的搜集。但在進入網路跟社群媒體的時代後，已經有更多元的方式可以完成受眾調查的任務。

» 社群後台數據：

社群媒體上投放廣告的「後台數據」，通常行銷團隊會先投放一輪廣告然後透過後台數據或留言互動的分析，看看哪個族群對廣告的反應最好，再進行下一輪更精準的投放。

» 設計線上問卷：

也有團隊會先透過「線上問卷」的方式，透過自己的朋友圈裡或某些封閉的社團或群組裡進行發送，進行受眾資料搜集。

» 分析現有用戶：

如果你的商品或服務已經有既定的用戶，或曾進行過小規模的試賣，也有請批首波的用戶留下資料跟回饋意見，那不妨從這一批用戶下手，描繪出受眾臉譜。

做受眾調查時該搜集哪些資訊？

那在搜集受眾資訊時，該搜集什麼呢？大體來說，跟廣告行銷有關的受眾資訊如以下：

» 年齡段：

除了一般像是「25~35」這樣的年齡段寫法，我通常也會選擇用「特定的人生階段」來定義年齡段，例如：剛畢業的新鮮人（可涵蓋不同年齡層但心態跟需求類似）。

» 職業 / 身份：

職業的種類實在太多太廣，但可以搜集幾個較有代表性的受眾職業，或類似小資、白領、中小企業老闆、勞工朋友這種描述也可，為的是要更了解受眾的社經地位跟階層。

» 個性：

描述個性的方式很多，有些人喜歡直接用幾個形容詞描述，例如：果斷、堅毅、愛面子、沒自信、擅社交、愛獨處。但也可以用常見的標籤來描述，例如某血型或某星座。

» 興趣 / 喜好：

除了與自己品牌有直接關聯的興趣喜好之外（例如汽車品牌的受眾普遍愛車），可以嘗試搜集目標受眾的其他興趣跟喜好，例如戶外運動、買 3C、網購、愛化妝、拍照等。

» 困境 / 夢想：

你的受眾除了是資料數據，更是是有血有肉的人，因此在搜集他們的資料時：

> ## 不要忘了更深入去了解這群人
> ### 普遍會有的生命困境，以及他們的理想或夢想。

　　例如想要得到工作上的成就（目前得不到）、想要放下一切去旅遊（目前沒辦法）、想要交到理想對象（目前還沒交到或有困難）、想要提早退休（現在的狀況下無法達成）。

》 其他：

　　對於受眾樣貌描繪來說，資訊永遠不嫌仔細，所以可以根據品牌或行銷的需求，或甚至創意發想上的需要做更細的調查，例如受眾是否熱愛觀看國外動作片、是否小時候曾有創傷、是否喜歡重金屬搖滾樂、是否喜歡看日本無俚頭廣告等。

受眾臉譜「基本資訊」VS「進階資訊」

　　我在策劃影片的時候，基本上會把上面的資訊分為兩類：基本資訊&進階資訊。

　　性別、年齡段、職業等我都稱作「基本資訊」，基本資訊除了用在做網路廣告投放時很好用之外，另一個重要功用是：

基本資訊可以拿來設計影片中的主角，
如此一來可以讓受眾產生最大程度的帶入感，
讓他們在觀看影片的時後產生
「對！那個人就是我」的同理感受。

　　而個性、興趣喜好、困境夢想等我稱為「進階資訊」，某些進階資訊也可以拿來更精準地投放廣告，例如精準選擇「有養寵物」的族群來投廣告，但進階資訊最重要的用途，是用在做影片創意的時候使用：

進階資訊對於劇情、故事場景、
戲劇衝突的設計，都有非常重要且關鍵的作用，
讓受眾在觀看影片時，產生「我也好想發生
跟他一樣的事」或「這樣的事似乎也能
發生在我身上」的深度感受。

　　如果影片能夠帶給受眾這樣的感受，那麼就能提高片尾行動指令的效力，讓影片的目的更容易達成。

這個部分的深入討論會在下一段繼續做更詳細的講解。

惹怒受眾的案例討論：網購平台戒指廣告、瑞穗鮮乳貓咪廣告

知名電商 PChome 多年前推出過一則廣告，內容是女生發現自己懷孕，傳訊息給正要出國的男生，男生只回了一句「我知道了」，然後用線上購物快遞了戒指給女生，並傳了求婚的訊息。影片的拍法是認為利用電商的 24 小時快遞，幫助男生把情意傳給給女生。

NOTE　影片參考清單「1-4-1 你在哪，home 就在哪」

但是，當年這支 PChome 廣告出來的時候，造成了網友朝聖罵翻，尤其是年輕女性網友，更是覺得廣告劇情中的男子的行為「毫無誠意」、「爛死了」，覺得故事中的兩人「應該會分手吧！」。其實這很明顯就是沒有充分了解並分析受眾的結果，尤其是受眾的「進階資訊」，大概猜想得到這個創意應該不是女孩子寫的，甚至團隊在審視創意的時候，可能也沒有詢問或甚至忽略了女性同事們的意見。

另外某鮮乳廠商曾拍過一支關於引誘貓咪喝牛奶的廣告，也是近年來未做好受眾研究的一個慘痛案例，他們雖然做了基本的「進階資訊」的研究，發現有不少年輕女性受眾都喜歡養寵物（尤其是貓咪），在寫創意時卻沒有再次諮詢養貓受眾或動物專家，不知道大

多數的貓咪都有乳糖不耐症，是不能喝牛奶的，因此廣告一出，就受到眾多養貓網友一陣撻伐後，業主只得快速的把影片下架，花了錢卻引起負面的品牌印象，實在是賠了夫人又折兵。

NOTE 影片參考清單「1-4-2 引誘貓咪喝牛奶」

小提醒

　　我在跟比較不熟悉廣告行銷的客戶討論受眾時，發現他們很容易進入一個誤區，就是分析受眾總是跳不出跟自己品牌或服務有關的那一塊，例如賣寵物傢俱的客戶，總是在「我的受眾是有養寵物的人」這種表層分析的圈圈裡鬼打牆。

　　但對我來說，這樣的分析對影片策劃的意義不大，畢竟在發想創意時，更需要我上面提到的「進階資訊」的協助。因此若要做出完整而有效的受眾分析，請記得你是要盡量描繪出「一個完整的人設」而不只是跟你的品牌或商品有關的描述。

1-5

如何用影片創造受眾感受？
一推一拉更有力量

「動態影像」一般被認為是所有廣告行銷手法中，最容易引發受眾關注並產生反應的媒體工具，這都要拜人類大腦中的鏡像神經元（Mirror Neurons）所賜，鏡像神經元的功用是透過觀察他人的行為，在腦中重建對方的感受，藉此學習新技能或避免他人錯誤。

> 因此把受眾分析的資料放到影片中使用，
> 讓觀眾通過視覺方式產生「代入感」，
> 引發某種「感受」，
> 就能讓他們生成某種認知或做出某種行為。

而這個感受，不論它是好是壞，都會促使他們對品牌或商品貼上某個標籤，例如「全聯的商品真是便宜又齊全！」、「中國信託真是個願意幫助人的良心企業！」，或單純是「天啊！我也擔心家裡床上都是可怕的塵蟎！」，進而幫助這些公司或品牌引導這些受眾創造特定印象或引發某種行為。

那下面我就嘗試來剖析這個「用影片創造感受」的過程，以及如何在影片策劃時正確運用影片所引發的感受。

⬤ 感受，是「一推一拉」的對比形容詞

人的感受非常多樣多種，不過基本上可以分成兩類：個人感受與人際關係感受。

個人感受包括成就感、安全感、激情、渴求、舒適、快樂、刺激、恐懼、悲傷、憤怒等。而因人際關係產生的感受包括被肯定、被接受、被認同、被拒絕、被羞辱、同理他人、有歸屬感、有參與感、受人尊敬、優越感等。

可樂廣告總是希望引發受眾「快樂」的感受，來強調它的品牌調性，而 LV 廣告則更專注在引發受眾在人群中的「優越感」，來抬高品牌與商品的附加價值。

然而通常感受並不是單一面向的存在，而是「一推一拉」兩個形容詞的搭配。例如：「害怕被孤立，希望能有歸屬感。」或是「害怕生活不確定性，希望更有安全感。」

基本上就是要練習把受眾臉譜的基本資訊
跟進階資訊轉化成這樣「一推一拉」的感受描述，
作為影片促發感受的目標，
也作為創意發想最基礎的核心之一。

用感受創造受眾對品牌 / 商品的印象

在受眾臉譜資料的另一端，是企業或公司原本就有的「品牌理念」與「商品功能」，分析受眾樣貌以及可以汲取資料的方式通常不只一種，但能順勢接續影片感受，有效凸顯品牌跟商品優勢的方式往往只有一兩種。例如：「害怕被孤立，希望能有歸屬感 ... 那你就要用我們的口香糖！」或是「害怕生活不確定性，希望更有安全感 ...那我們投顧公司就是你最佳選擇！」

不過這個前提還是建立在受眾分析的準確性上，找到影片觀眾有共鳴的「生理需求」與「心理需求」，才有可能讓他們關注影片，認同並思考，最終創建印象、改變想法或產生行動。

在影片策劃的這個階段，可以適當地參考品牌或商品的 SWOT 分析，避開與競品比較的弱點，多運用勝過競品的優勢，確保你透過影片引發的感受，是往正確且有效的方向在設計。

角色處境 / 動機 / 表情都能強化觀眾感受

　　廣告行銷影片既然是運用鏡像神經元重建他人感受的功能來創造印象、改變行為，那在影片的「劇情」中就應該要埋入會觸發這些神經元放電的內容，作為發想創意的基礎。

» 角色處境：

　　不論是逃離一個不好的處境，或奔向一個理想的處境，都能引發觀眾「一推一拉」的感受。在劇情中不妨多描述這些處境如何影響影片主角的內心，讓觀眾在腦中重構出跟角色一樣的感受，產生「感同身受」的代入感。

» 角色動機：

　　在影片劇情中，角色總會有下決定與改變行為的時候，這背後必然有個合乎邏輯的動機（除了日本、泰國盛行的無俚頭廣告之外，這種特殊的創意手法會在 Part 2 裡討論），觀眾不但會同理角色的處境，設計得宜的話，更會認同角色採取行動的動機。

» 角色表情：

　　到設計畫面內容的階段，不要忘了放入影片角色在經歷處境與產生動機時的「特寫表情」，這是能讓鏡像神經元猛烈放電最直接的視覺刺激，不論是感動、難過、驚訝、開心、恐懼、噁心、放心等感受，透過演員的表情表現出來，產生的感受是最強烈而直接的。

🌀 案例討論：法國礦泉水廣告

　　雀巢公司旗下的歐洲礦泉水品牌 Contrex 曾在 2014 年做過這支討論度爆表的網路廣告，廣告場景是一個廣場上擺了很多健身腳踏車，很多女生民眾上去開始騎，發現大家努力騎就會觸發一個電子看板上的脫衣舞男動畫，於是愈來愈多圍觀女性群眾，大家輪流努力騎，希望看到脫衣舞男最後脫光的場景，但影片結尾，是脫衣舞男用一塊牌子擋住重點部位，牌子上寫說恭喜妳燃燒了 2000 卡路里，記得喝口我們的礦泉水休息一下。

> NOTE　影片參考清單「1-5-1 Nestlé Contrex Commercial: "Ma Contrexpérience"」

　　這部影片的受眾分析透測，創意也十分吸睛。

　　那他們當時可能是如何分析受眾並利用創意引發受眾的某種感受，進而引發品牌希望的消費者行為呢？我在下方試著一步步逆向分析：

- **【引發反應】**：這廣告讓人血脈噴張！好色的廣告喔！看完全身都熱了！

- **【一堆一拉】**：減重／喝水可以不用很無聊，它也能讓你熱血沸騰！

- **【強化方式】**：角色處境 - 從平淡無聊到熱血尖叫。角色表情 - 特寫角色的驚喜跟投入的表情。

- 【受眾分析】：從觀眾反應來看，女性反應更直接效果也更好，年齡段似乎沒有特別限制（只要是屬於青少女以上）。可以從廣告畫面裡出現的人物來證實，確實目標觀眾就是這個族群沒錯。

但這麼「有創意」的廣告行銷影片到底是怎麼設計出來的？有了品牌跟受眾的這些資訊後，還需要加入什麼樣的原料或喊出什麼樣的魔咒，才能炒出這樣一盤精彩的菜色呢？

這就是我們接下來在 Part 2 要來挑戰的題目，請大家有耐心地繼續看下去。

 小提醒

分析你目前正在規劃的影片是屬於銷售漏斗中的哪個階段所需？若要用一句話說出該影片的目的你會怎麼描述？最後試想看看，哪一種類型的影片可能可以符合你的需求。

1-6
延伸討論一：先想創意 or
先想策略？

情境討論

老闆總是嚷著想做「感人廣告」或「搞笑廣告」，也常常會搜集這類廣告傳給同仁，說這種影片的宣傳效果多好多好，但真的是這樣嗎？該怎麼去思考這件事？

　　我常常跟客戶坐下來談影片創意的第一個狀況，就是客戶會興高采烈地給我看一些他最近在網路上看到，他覺得很有創意、引發瘋轉的影片，我卻往往笑而不答。因為如果今天他給我看的是品牌廣告大片，許多客戶通常沒有那樣的預算；而如果給我看的是沒有承載什麼商業訊息的網路短影片，通常當自己要做影片的時候，一般都無法接受，但在影片中硬加入品牌或商品的資訊後，往往都會失去傳播能量。

「創意包裝」並不是影片成功的萬靈丹

　　這些常被瘋轉的影片，影片內容通常賣的都是「有意思的創意或

劇情」，提升觀眾感性的情緒反應（俗稱右腦反應），相對來說抑制了他們的理性思考（俗稱左腦反應），不論是讓人覺得很感動，還是覺得臉紅心跳，或是覺得很煩很惡搞，賣弄感性內容的影片，因為它引發了你的某種情緒感覺，所以讓它的內容更容易被記住。

我在 Part 1 裡曾提到的「引發關注」V.S.「資訊說明」的影片類型分類概念，雖然說「引發關注」的影片類型很常在內容設計上都會依靠強大的「創意包裝」，但「資訊說明」的影片不代表就不會運用創意來加強觀眾的記憶度，只是影片中會以傳遞資訊為主，創意運用的比例上也不致於讓觀眾忘記要用「左腦」進行思考跟分析。知名的 local 中醫骨刺廣告「控罷控孔」就是一個很好的運用創意包裝來強化「資訊說明」類型影片的例子。

很多客戶都有一個迷思，就是他們希望依靠「好創意」來賣東西。台灣的客戶最常拿出許多日本廣告當作參考影片，而對岸客戶似乎更愛泰國廣告一些。很多客戶都覺得是那個「好創意」讓影片獲得了成功，被成千上萬人轉發傳播。

但是，記住了廣告，是否就代表記住了賣點、商品或品牌呢？即使記住了，能引發消費行為嗎？這些通常都是還在「打感性牌迷思」中打轉的客戶沒有花時間去深入思考的問題。

案例討論：五月花衛生紙感人微電影、舒潔狗狗廣告

NOTE 影片參考清單「1-6-1【真人真事改編】阿嬤的衛生紙」

台灣曾有一個衛生紙品牌五月花拍攝過一支講述祖孫親情的微電影，裡面有感人的橋段，而用阿嬤的衛生紙串起劇情的起承轉合，獲得極高的點擊觀看與傳播率，甚至許多長輩更在 Line 群組裡瘋轉這支影片，討論裡面關於老人失智的議題。（不是衛生紙的好用！）

但是理性來想，有多少人去賣場買衛生紙的時候，會因為一支看過的感人影片而影響他的購買行為？

以衛生紙品牌來講，機會確實比較小，因為買衛生紙的人最終容易落入兩種類別：好用或便宜。好用，那就得把「好用」的原因明確傳達出來，讓消費者知道品牌的競爭力。便宜，那就好好的打價格策略戰就好了，確實不用花好幾十萬甚至破百萬來製作一支微電影。

NOTE 影片參考清單「1-6-2 舒潔衛生紙拉拉闖禍篇」

而大家可能記得，另一個衛生紙品牌舒潔則曾針對自己商品的「柔軟層度」大做文章，在廣告中使用毛髮柔軟無比的狗狗放大消費者對於商品「柔軟」的感受，雖然廣告價格確實不斐（拍攝動物尤其麻煩），但消費者確確實實記住了廣告想傳達的「理性資訊」，商品擺在其他競品中的優勢也就順便被記住了，自然就容易影響到消費者的購買行為。

先思考要傳達什麼訊息，再去思考創意

現在媒體平台上總能看到各種所謂「被瘋轉」的廣告影片，因此很多人在策劃影片時，很容易就往「怎麼想出好創意」的方向去想，但在我的經驗裡：

> 創意只是用來服務策略。在影片策劃的過程中，
> 會先有行銷策略，才會有影片需求，
> 產生出影片目的，然後最後才會走到影片創意。

以「創意」為中心來思考影片策劃的危險是，最終的影片或許會被人轉傳，卻沒有達到當初規劃拍攝這個影片的目的，那對我來說，這個影片策劃依舊是非常失敗且浪費寶貴的行銷費用。

▶ 1-7

延伸討論二：打品牌跟推商品，如何平衡？

情境討論

在策劃公司影片的時候，常常被主管質問：我們的商品在哪裡？應該要多露出商品，才能提高銷售額！所以最後很多的影片都變成在「推銷跟介紹商品」，甚至主管更傾向把行銷預算用在請網紅做導購跟導流的自媒體影片上。這樣的做法正確嗎？

我跟客戶坐下來談時，另一個很常遇到的問題，就是他們總想要把商品特性跟賣點塞到所有的影片裡，創意廣告也想多放個商品賣點，品牌形象影片也想多放兩個商品使用情境的畫面。站在客戶的立場，想要自己公司的商品多曝光，感覺應該是理所當然，但從行銷的觀點來看，這樣做很可能扼殺了培養品牌的機會，間接扼殺了讓更多消費者認識品牌（以及商品）的機會。

多養護品牌形象，少點競品比較的近身肉搏

聰明的行銷人都明白，在受眾心中建立品牌意識是相當不容易卻又無比重要的工作，品牌形象就像人一樣，當你信任一個人，你自然就不會去到處問到處比較，在競品如雨後春筍般冒出頭的市場裡，受眾對你的品牌的認同與忠誠，往往會成為那一條救命的繩索。同樣是球鞋，你就是會比較信任 Nike 或 Adidas；同樣是全新推出的面膜，你可能更願意購買 Dr. Wu 或森田藥妝；同樣是炸雞，你總感覺買肯德基應該比較好吃。

我自己遇過一些客戶，雖然理性上明白創造品牌印象的重要性，卻對於要拍一支「品牌形象片」或談品牌理念的「微紀錄片」或「短秒廣告」相當排斥跟抗拒，原因是他們覺得潛在用戶都還不認識也沒用過他們的商品，應該要讓商品跟商品效果成為行銷推廣的核心，再讓用戶慢慢來認識品牌。其實這個想法本身並不是錯的，甚至我覺得這樣的品牌相對挺老實的（我自己的觀察覺得台灣的客戶普遍都比較務實或老實，相較之下國外或對岸的客戶都比較敢說）。

但一旦到了戰鬥前線（例如賣場裡），面對形形色色用不同的思維進行購買行為的受眾，你絕對會後悔當初沒有用其他方式進攻這些受眾的腦袋瓜。當然，一定有偏冷靜購買、理性比較的受眾，尤其是當這個商品「偏高價」或「與自己在乎的層面有關」（例如健康、安全、財富等），但肯定也有：

> 決定「憑感覺」買東西的一大群人，
> 這時品牌的印象就成為了搶用戶的決勝點。

打品牌的影片還有一個比推商品影片有優勢的地方，那就是觀眾的接受程度。對於一般影片觀眾來說，含有「商品資訊」的影片都會讓人產生一種「被推銷」的斥力，在行銷漏斗中「引發關注」的階段，這種因為想推商品而產生的斥力最為明顯，畢竟沒有人想要沒事被推銷。但推品牌的影片因為沒有直接在推銷商品，而只是在讓觀眾去認識一個品牌，觀眾的接受程度就會高很多，例如當年紅遍台灣大街小巷的大眾銀行廣告（蔡瑛妹＆不老騎士），就是運用先打品牌的方式，成功創造受眾對該品牌的良好印象，在市場行銷的戰役中先馳得點。

🔅 案例討論：農夫山泉

NOTE 影片參考清單「1-7-1 农夫山泉广告」

NOTE 影片參考清單「1-7-2 农夫山泉最美广告第二季」

我曾有好幾年在對岸廣告圈工作，當時讓我印象非常深刻的一個品牌推廣案，是中國很有名的一個礦泉水品牌：農夫山泉，這個品

牌的礦泉水分幾個等級在賣，但最便宜的寶特瓶也才賣不到 4 塊錢人民幣。

當時農夫山泉首先推出了一部談他們「品牌理念」的「微紀錄片」，拍攝團隊跟著品牌的執行長，來到了深山雪地拍攝，原來這是他們其中一間重要礦泉水製造工廠附近的山林，而品牌藉由影像帶著觀眾探訪「優質水源源頭」來創造大眾對於農夫山泉品質與用心的完美印象。

試問看過這樣的影片後，會不會影響我選購礦泉水的決定？我可以很肯定的說，我當時有一陣子還真的就只買農夫山泉，即便我理性上知道他們在品牌影片中講的很可能有誇大其詞的部分，我大腦非理性的那一塊就是覺得買農夫山泉會比買其他品牌更好。

運用不同影片類型，兵分兩路搶灘

要攻進受眾的大腦裡，本身就不是一件容易的事。可以回想我在談行銷漏斗的時候，就曾說過：

> 在不同階段需要不同類型跟目的性的影片，
> 促使受眾順利進到下一個階段。

這當中就包含適合用來打品牌的各種影片類型。

我常說打品牌的影片,很像軍隊搶灘的空中支援或打心理戰的政戰人員,而實際在推商品的影片,則更像搶灘的前線部隊,必須步步為營。用這個比喻就不難理解,打品牌跟推商品的影片本身就是互依戶存,品牌印象強化受眾購買商品的意願,商品效果本身又會回來強化受眾對品牌的信任,只要搭配得當、平衡得宜,肯定能在銷售轉換上創造出 1+1>2 的效果。

1-8

延伸討論三：募資影片的策劃與發想

情境討論

老闆最近嚷著說要做「募資影片」，但如果沒有要群眾募資的商品或服務孵化計劃，也能做「募資影片」嗎？募資影片也算一種影片類型嗎？它到底該長什麼樣子？有一定的結構嗎？

募資或眾籌（Crowd-funding）這種方式從廣告行銷的角度來說，更像是一種行銷手段，藉著募資本身的傳播動力讓大眾認識一個新的品牌、新的商品或服務，而不單單只是在做集資的動作而已。

這幾年募資的概念也吹到了台灣來，大眾也常見到幾個台灣的募資平台上的計劃集資爆表的消息，也常在社群媒體上看到很多人轉發 Flying-V、嘖嘖 zeczec、挖貝 Wabay 等平台上的募資計劃，特性是他們通常有「時間急迫性」或「社會公益性」等催促受眾即刻採取行動的能力，如果成功掀起風潮，那集資到比原來設定金額的好幾倍都是有可能的。

募資影片在某種程度確實屬於自己的「類型」，但因為表現形式的彈性非常大，因此也並沒有一定要長成某個特定的樣子，有些募資影片是由主持人（通常是品牌或商品的創辦人）從頭講解到尾，有時候整部影片只有旁白講解搭配商品或服務的使用畫面，有時候甚至連旁白都沒有，只有文字配上圖片，也有些人會選擇用電腦動畫或定格動畫的形式來做。那客戶跟我聊「募資影片」的時候，我又是如何描述它呢？

募資影片：超迷你的行銷漏斗多合一影片

用最簡單的方式來講，募資影片就是個把「一頁式銷售網站（Landing Page）」變成動態影像的影片。而熟悉「一頁式銷售網站」的人應該知道，這個網站基本上就是個迷你的行銷漏斗，是個讓消費者快速認識一個陌生的品牌 / 商品、產生想要深入了解的想法並做出購買行為的神奇圖文編排方式。

這些內容整理成影片，就構成了「募資影片」的基本架構包含：

· **簡單又吸睛的開場介紹**

· **消費者痛點陳述**

· **服務或商品賣點**

· **設計動機與理念**

· **團隊介紹與設計過程**

· **最重要的結尾行動指令**

其中有些部分是在打「品牌」（尤其是講團隊、動機、理念這些），有些部分是在推「商品」，至於比例高低，全取決於強調何者更容易「賣得動」，這部分有賴行銷團隊的調查跟評估。

　　一部設計精良的募資影片通常都有類似的特色：快速、直接、不拖沓，能夠快速堆疊商品／服務讓受眾驚艷的亮點（新的商品設計、知名設計師、團隊製作過程、募資獨特動機等），讓受眾驚喜連連、難以克制想購買的衝動，最後搭配充滿煽動力的行動指令，讓受眾感覺到若不立刻行動肯定就會後悔。

　　不過解構完「募資影片」的內容組成，
　　不難發現它其實就是「說明影片」的類型
　　只是多少加入了「打品牌」的成分。

　　這樣的影片其實並不一定要用在「募資」的情境裡，只要把最後的行動指定從「請支持我們的募資計劃」改成「即刻下單／搜尋／按讚」就能放在其他非募資的行銷情境中使用，只不過可能會少了一點在募資平台上操作時，那種採取行動的「急迫感」跟「必要性」。

案例討論：UYAS 音響募資影片

NOTE　影片參考清單「1-8-1 UYAS 音響募資影片」

幾年前我曾拍攝過一支設計款音響的募資影片，當時客戶是一間創意行銷公司，音響是由他們找設計師來一起發想設計，並希望透過募資平台募得這個音響的生產資金，當然也是趁機想要行銷宣傳一番。當時目標設定 50 萬，最終募到 836 萬，募資非常成功，我覺得真的歸功於整個銷售的流程，包括募資網頁上內容的設計方式（就是很有效的 Landing Page）。當然，我們根據這些內容轉化出來的影片本身也功不可沒，畢竟很多消費者會選擇先看影片再決定是否關注網頁上的其他內容。

影片內容的部分其實也很標準，有展現商品亮點的簡短開場、設計理念的講解（透過設計師與團隊成員來講）、商品賣點跟使用方法（內含消費者痛點陳述）與結尾的行動指令。

但其實有件事是拍攝跟呈現手法相對簡單的募資影片都應該要特別留意的重點：

那就是「影片調性」
要能反映出「品牌調性」。

這是很多客戶在拍「說明影片」時往往沒有注意到的，卻關乎消費者對品牌或商品產生的最關鍵的第一印象，並讓這個印象深植在潛意識中影響其消費行為。以 UYAS 這支影片來說，因為設計款音響的「價格」並不低，因此影片必須用配色、構圖與運鏡等技巧拉高影片的質感，讓觀眾覺得這個商品有這個「價值」，如果沒有影片的質感沒有跟上，那會影響到的可能不只是觀看影片的消費者的第一印象，肯定還會影響到他們參與的募資意願或購買意願。

1-9

職能訓練：如何撰寫有效的影片需求表（Production Brief）？

第一單元我想送給大家的一個工具，就是我每次面對有影片製作需求的客戶時，會給客戶寫的第一份表格，這個資料表我們稱作「製作需求簡報」（從英文的 Production Brief 直翻）或「影片需求表」。

裡面的每一項在 Part 1 中都有講解過，填寫過程中不但能幫助你把需求列出來給拍攝團隊知悉，還能藉此審視這個影片的完整性和有效性，是在策劃影片時最基礎卻也最重要的一份資料。

影片需求表			
WHY	做這支影片的目的？	（在整體行銷計畫裡扮演的角色）	
	要解決的行銷問題？	（大問題 The Big Problem 為何）	
	觸發關注or做說明？	□觸發關注　□做說明　□混合 （＊注意：混合反而會降低效果）	
WHAT	要傳達的關鍵訊息？	（如果已經想好廣告語 Slogan，也可以寫在這裡）	
	想選擇的影片類型？	（可參考單元 1-1 裡的分類）	
	影片長度？	（記得跟下方 WHERE 相互對照）	
WHO	受眾臉譜描述	年齡段	性別

*用一段話來描述標準受眾的生活樣貌: (可參考單元 1-4 的描述)		職業 / 身份	
		個性 / 星座	
		興趣 / 喜好	
		困境 / 夢想	
WHERE	投放渠道 / 平台	傳統媒體	□傳統媒體　□電視 □戶外電視牆 □賣場螢幕　□活動現場
		社群媒體	□ Youtube　□ FB □ IG　□其他 _____
	投放平台片長限制		
	平台使用族群特性		
WHEN	影片播放時機點	（在行銷計畫的哪個環節使用？受眾觀看前的狀態？）	
	影片投放時段	（在一天的哪個時段播放？原因及希望效果？有季節性？）	
HOW	相關參考影片整理	參考影片 1	
		*參考什麼？	
		參考影片 2	
		*參考什麼？	
	創意想法筆記	（參考 Part 2 內容，寫下初步想法作為跟團隊討論依據） （若要更進階此段可搭配單元 2-7 的創意與情緒板使用）	
HOW MUCH	製作時程	啟動日： （請先閱讀 Part 3 內容）	完成日：
	製作預算	（請先閱讀 Part 4 內容）	

Part 2
影片創意力

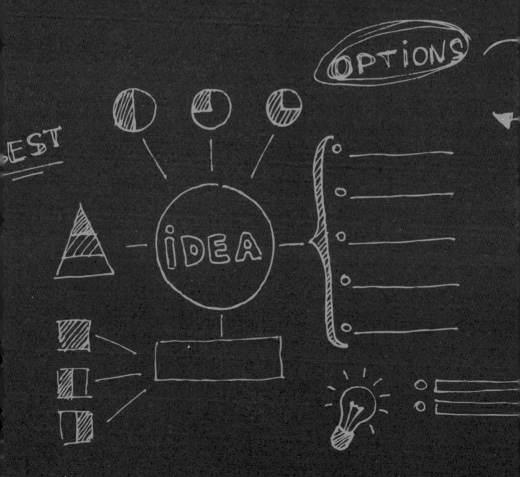

▶ 2-1
我要怎麼想出影片創意？
什麼是好創意？

如果你按照 Part 1 的進度走，並且順利完成最後的職能訓練的話，現在你手上已經握有廣告行銷影片的成功基礎：「一份盡量詳細的影片需求表」。

根據表上的資料，你已經清楚影片的目的，影片的主要受眾（目標觀眾）以及這些人的臉譜分析，同時你也清楚你想策劃的影片類型，甚至已經從影片資料庫中選出了幾個有參考價值的參考影片。

那麼接下來呢？總不能直接抄這些參考影片的「創意」吧？確實有很多影片創意都是直接抄來的，身為觀眾的我們時不時都會看到，只不過有沒有被網友發現跟抨擊而已（若被網民認定為抄襲，下場通常不太好）。所以，如果創意最好不要用抄的，那怎麼樣做才能想出比較原創的 Idea 呢？但是，我可能平常真的沒什麼「創意」啊？這時候該怎麼辦？

🌀 創意不代表一定要是完全原創

在實際開始討論發想創意之前，我想趁機澄清一個關於「創意」

的偏差觀念，那就是很多人覺得好創意本身一定要是個「原創」的想法（Original Idea）。為什麼說這是觀念有偏誤？因為所謂的「原創性」是有區分範圍的：

- 有「屬於全人類的原創」
- 也有「屬於某個領域的原創」
- 以及「屬於個人的原創」

屬於全人類的原創相當容易舉例，很多的科學發明、發現（像是愛因斯坦發明的相對論），或搭配科學進展而衍伸出的領域，只要在我們歷史記載中確實沒有人提出過，都屬於這種最廣義的原創。

最狹義的是屬於個人的原創，這種情形發生在你自己靈光一閃時產生的想法，對你自己來說從來沒有想到過，但不代表沒有其他人想過或做過，通常經過仔細資料翻找或上網一查，早有其他人想到過一樣的想法，或早就做過類似的嘗試。

介於中間的是「屬於某個領域的原創」，這就跟我們在討論的「廣告創意」或「影片創意」比較有關聯。為什麼這麼說呢？

第一，廣告行銷影片從動態影像發明以來已有一百多年，這百年來幾乎什麼樣的影片創意都被想過也被執行過，尤其是網路爆炸的這二十年，現在要想出動態影像的廣義原創 idea（包含在行銷領域中的原創）已幾乎不可能。

第二，效果最好的廣告行銷影片創意，通常都是觀眾熟悉的某些

元素搭配其他不熟悉的元素，例如熟悉的搞笑手法用在印象中比較嚴肅的保險廣告影片裡，或是把電影中時間定格特效用在某信用卡的介紹影片裡。這些創意手法或許在電視劇或其他領域中曾被用過，但在某個行業廣告行銷影片中很少見到或沒看過，但對觀看這個影片的受眾來說產生了一種全新的體驗或感受。

我在 Part 2 裡討論的影片創意，多半屬於這種「屬於某個領域的原創」。

NOTE　影片參考清單「2-1-1 GEICO Calls in the 'Smartdogs' to Tackle Distracted Driving」

NOTE　影片參考清單「2-1-2 Discover Card TV Commercial, 'Freeze It'」

NOTE　本書所有參考影片，請開啟此短網址，在清單中開啟播放：https://bit.ly/2022cfbook

培養訓練「創意力」的四個步驟

另一個常見的錯誤觀念，就是創意發想的能力無法被培養，或是說有些人「天生就沒創意」，這跟我天生就不太會運動這樣的想法一樣荒謬。當然有些人天生就比較有創意，就像有些人天生運動細胞比較好一樣，但有更多的運動員是靠後天的努力才站上奧運的頒獎台，既然每個人都可以訓練自己的「運動細胞」，那你也一定可以訓練你的「創意細胞」。

我自己有 4 個在這幾年幫助我提升創意力的小撇步，剛好用這個機

會分享給大家。

» 多閱讀、多觀察

在累積創意能量時，不要只把自己限制在某個領域，例如只是大量看廣告影片，這樣效果並不好，畢竟很多時候創意是來自其他領域。閱讀散文、逛展覽、看漫畫、跟專職其他領域的朋友聊天，都是累積創意能量很好的方式。

» 先發散、再聚合

對我來說，創意發想就像園丁種樹，要先讓樹盡量長大然後再進行修剪。在發想創意時，我常會先隨意地發散想法，有些人會使用不同工具，例如心智圖或九宮格，先把能想到的都寫下來，然後才來進行聚焦刪減，找出貼合這次需求的好想法。

» 淘汰首輪想法

> 好創意通常代表它不理所當然，
> 也就是觀眾不容易想到你會這麼做。

所以通常我在把幾個創意點子寫下來後，就會先把第一個跟第二個刪去，因為通常前兩個想法是觀眾也很容易想到的東西，這樣做也能逼迫自己思考更精彩的創意。

一直想通常效果不彰，尤其是想法卡住的時候，因此我在發想創意時都會刻意多預留一到兩天的緩衝時間，如果遇到卡住的狀況，就會先去做別的事情，做家事、運動、洗澡、陪小孩，暫時讓潛意識代勞，你會發現靈光一閃往往都是在做別的事情時發生。這時不要忘了隨手拿起手機或隨身攜帶紙筆，當想法來了就即刻把它記下來。

好的影片創意：讓受眾感覺熟悉又陌生

什麼叫好的創意？什麼樣的影片創意可以讓觀眾拍案叫絕、記憶深刻？在我這幾年的研究裡，我發現好的創意有兩個特性：

> 它會讓人覺得有「熟悉感」，
> 但同時也會讓人「感到新奇」。

簡單來說，就是看這個廣告行銷影片的受眾，應該會產生一種熟悉又陌生的感受，我都這麼形容：大概就跟你第一次見到心儀對象的感受很類似，覺得有點眼熟但又充滿新鮮感。

» 創意的熟悉感

廣告行銷影片時長通常很短，要在這麼短的時間裡讓觀眾清楚認

知到「畫面上正在發生什麼事」本身就是一個挑戰。

> **因此影片創意的首要任務就是**
> **要建立觀眾熟悉的情境、感覺與形式。**

　　例如運動品牌廣告的動感氛圍，或傳統電視購物的口吻形式，或是感人的故事旁白。建立熟悉感的目的就是讓觀眾快速進入狀況，做好吸收廣告資訊的準備，而不是在影片開播的數秒之後，還在掙扎著想要看懂影片到底在幹什麼，那這個影片創意就真的完全失敗了。

》 創意的新奇感

　　讓觀眾快速進入狀況後，影片創意的工作才剛完成一半，當然你也可以就這樣安安穩穩地用觀眾熟悉的情境與形式從頭演到尾，但觀眾很可能就會對這個影片沒有印象，我們的專業用語稱這種廣告行銷影片為「沒有記憶度」。例如野外運動品牌的形象影片，通常就是幾個男男女女的角色，在從事幾項不同的野外運動，可能在登山、野營跟跑步，搭配激勵正能的文案旁白，就這樣從頭演到尾，可以看完的觀眾並無法對這樣一般的形象影片留下特別記憶。

　　影片創意真正的價值，在於讓觀眾產生「新奇感」，日本廣告中常見「惡搞違和」的感覺與泰國廣告常見的「文案神翻轉」，都是

運用觀眾對於影像情境產生熟悉感之後，可能因為情境發生的地點很違和（日本廣告常見），或是後半段故事走向跳脫了常模（泰國廣告常見），讓觀眾產生了強烈的「新奇感」。

> **建立新奇感，要讓觀眾在看懂廣告資訊之餘，**
> **加強了對廣告的記憶度。**

以上是創意的基本概念，創意的基本結構，但回歸到影片本身，在使用再神奇的轉折、再違和的情境想讓觀眾記住之前，我們還需要先想出這次行銷的「Big Idea」，也就是發想影片創意的核心，要引發觀眾正確的認知變化或行動的那個點。

如果缺少「Big Idea」，再有趣、有記憶點的影片，卻沒有讓觀眾轉換或產生新的認知，並觸發某種行動（也就是你做這個影片的目的），那花再多錢拍這影片也是枉然！

小演練

> 搜尋一支爆紅的廣告行銷影片，試著去分析它為何「熟悉」以及為何「新奇」。

2-2

廣告行銷說的 Big Idea 是什麼？
如何想出好點子？

Big Idea（好點子）是個很常被拿出來討論的廣告術語，但它真正的用途跟價值很多人並沒有搞清楚。我在 Part 1 曾提到要先找出行銷中的 Big Problem，才能順利設定影片的目的，而想出所謂的 Big Idea 就是接續的下一步。

> 簡單說，好點子（Big Idea）是介於
> 大問題（Big Problem）跟
> 創意執行（Creative Execution）之間的重要橋樑。

如果這個好點子設計得好，不只是影片創意，甚至可以用在整個行銷規劃中，透過不同廣告媒材傳遞給受眾，創造話題、互動、品牌或商品的關注，直接或間接創造銷售的轉化。

🔄 生成好點子的三步驟：用新的角度來觀察跟解決問題

好點子的生成分為三個主要步驟：

- 觀察洞見 （Piercing Insight）
- 品牌連結 （Brand Connection）
- 創意轉化 （Creative Execution）

> 觀察洞見，是針對行銷當前的大問題
> 所發現的新的切入點。

例如蘋果電腦早期在推廣 Mac 電腦這個商品時，遇到了難以穿透當時電腦主流市場的困境（Big Problem），但他們在分析自身消費族群後，發現部分買 Mac 的用戶（早期果粉）似乎都比較年輕、有想法，而且總愛拿 PC 的缺點說嘴來捍衛自己購買 Mac 的選擇，這就是他們的「洞見」。

> 再來就要把這個洞見跟品牌建立起關聯，
> 看如何從中找到能強化品牌行銷的點子。

回到蘋果的例子，他們開始分析 PC 相較於 Mac 常被人詬病的問題，將 Mac 能帶給用戶的好處分門別類，有比較理性分析的好處，也有比較非理性純粹自我感受的好處。如此，品牌連結就建構完成：顯然購買 Mac 比購買 PC 更好，也表示你是個聰明且有品味的消費者，簡單說：買 Mac 等於有品味。

到了這裡好點子就快要孵化完成，只剩下最後一步：

> 創意轉化，首先要將剛剛的洞見與品牌
> 連結轉化成一句能吸引、煽動
> 並說服受眾的廣告語 （Advertising Slogan）。

當時蘋果電腦在這個著名的行銷計畫中使用的廣告語是一句再簡單不過的「Get a Mac.」，然後再將這句話轉化為創意的執行方式，當時的行銷團隊將兩種電腦擬人化，互拋資訊直球對決，讓蘋果的受眾快速得到結論：我怎麼可能會買 PC，肯定要買蘋果電腦啊！

把 Big Idea 轉化成影像傳遞給受眾

在構思好 Big Idea 之後，就要開始把它轉換成不同媒體上的素材，其中最重要的就是廣告行銷影片，簡單說就是要把好點子轉化成影

像的執行方式。既然 Get a Mac 這個好點子的策略是比較兩種電腦的差別，那在這廣告中乾脆就讓擬人化後的兩台電腦差異更加明顯，甚至套上一些刻板印象來強化觀眾的視覺印象，同時他們也應該要用開門見山的方式來表明身份以免觀眾看不懂，因此著名的開場台詞「I'm a PC. I'm a Mac.」就此誕生，代表 Mac 的角色穿著年輕流行，行為舉止又酷又潮，而代表 PC 的角色則穿著辦公室標準西裝，行為舉止古板又無趣，甚至年紀還明顯比 Mac 的角色老了一輪。

不論這系列廣告出現在哪個國家，都是用這樣的模式在執行影片創意，成功讓第一批的蘋果商品邁向主流市場。

NOTE 影片參考清單「2-2-1 All "I'm a Mac I'm a PC" ads Part 1」

Big Idea 影像化的方式除了視覺上的印象強化，有時候也包括了故事腳本的深化，如果你的好點子所衍伸出來的廣告語是「不平凡的平凡大眾」，執行概念是用幾個感動人的平凡人故事來引發品牌關注，那影片創意的執行就包括要找到並寫出這樣的故事，影像上則要強化「真實感」與「共鳴感」，讓這個好點子能真正落地發揮效果。

NOTE 影片參考清單「2-2-2 【不老騎士】夢騎士 _3 分鐘微電影」

案例分析：台中行銷動畫短片提案

NOTE　影片參考清單「2-2-3 轉啊 Spinning 台中動畫短片」

這個動畫短片的創意，是由我還有動畫導演 Cindy Yang 共同發想提出，當初想出這個提案的「好點子」就是運用了上面提到的步驟。

首先是「觀察洞見」：歷年用來行銷台中的動畫短片大多都是一個虛構的劇情故事串起台中的各個景點，效果並不差，但往往在宣傳期過後就較少會受到關注，十分可惜，這就是以往台中動畫短片所遇到的「大問題」。我們分析下來的原因，不外乎觀眾在看這些短片時，很明顯看出它是為了「宣傳」而設計出來的（下一章節會提到觀眾對於行銷宣傳的「免疫反應」），因此較難成為一個能夠承受歲月消磨的獨立動畫作品。我們要想一個辦法加強作品的「重量」，讓觀眾覺得短片中的故事夠真，發自內心喜歡並產生共鳴，只要能做到這件事情，哪怕是影片中含有宣傳台中的元素，那一樣能創造夠強的傳播力！

再來就是「品牌連結」，這裡的品牌指的是「台中」這個地方。然而發現上述的洞見後，該如何增強品牌行銷呢？我們認為要讓故事夠真，或許用一個「在地化的真實故事」作為受眾產生代入感的載體，才能達成這個任務。我們的好點子這樣誕生了：透過台中真實在地人的故事來提升動畫作品的可看性與獨立性，藉此創造更強大的傳播力。而 Cindy 導演的動畫作品常取材身邊熟悉的人事物，情感很真實飽滿，甚至連配音都刻意找素人不找專業配音員，為的

就是想帶給觀眾更「真實原味」的感受，因此找 Cindy 來嘗試做一個深刻動人的台中故事再適合不過。

最後一步就是「創意轉化」，要將洞見與品牌連結轉化成一句能吸引、煽動並說服「提案評審」的廣告語，這個廣告語不見得會出現在動畫短片裡，但會構成這部短片的創作核心。經過一番思考後我們提案的 Slogan 就誕生了：「我們家的故事，就是台中的故事！」

我們決定將我們家三代在台中落地生根的故事做成童趣滿滿卻又能感動人心的劇情，讓觀眾看完不再覺得台中的景點只是硬梆梆的名字，而是與在台中努力生活打拼的一家人有密切關聯、充滿溫度的地方。

後來，這隻動畫短片果然突破過往的行銷框框，除了在上線時引發國內網友一陣讚美轉發，還在國內外大大小小的動畫影展中發光發熱，把「台中」這個品牌推到國際上去。

案例分析：泰國戀愛貸款廣告

NOTE 影片參考清單「2-2-4 塞在車陣裡，偷說我愛你 泰國戀愛貸款廣告」

多年前看到這支泰國貸款廣告就驚為天人，不完全是因為它很有「創意」，更多是因為它的 Big Idea 與影片創意執行方式如此簡單有效，單用車內在對話的兩個角色（包括一個標準受眾的精準複製品），就達成了影片目的，創造了觀眾對影片的深刻印象。我現在

就來嘗試做逆向拆解。

- ◆ **廣告語**：一台車能給你的，超乎你的想像。
- ◆ **影片創意**：一名宅男開車載著心儀對象，不幸遇到塞車塞在路上，車裡發生一連串事件讓宅男意外告白，沒想到心儀對象竟然同意！
- ◆ **Big Idea**：車子是可以創造美好回憶跟事件的空間，你應該擁有一台車。快來跟我們貸款吧！
- ◆ **受眾分析**：20 ～ 40 歲男性，可能是收入穩定的工程師，不善言表，外表平庸，單身的機會大，但夢想是有一天能交到心儀對象。
- ◆ **影片目的**：讓沒車或想換車的受眾感受到有車族的好處，刺激他們貸款買車。

（逆向分析完後，可以再用這個思路順回去看，訓練自己創意發想的能力。）

小演練

選三部你很喜歡的廣告行銷影片，嘗試用上面的案例分析範例找出影片創意背後的「好點子」。

▶ 2-3

影片有創意就能增加傳播力嗎？
如何娛樂觀眾？

我們都知道一個創意無限的廣告擁有強大的傳播能量，尤其在這個網路和新媒體為主導的時代裡，然而透過仔細分析，你就會發現這些廣告的成功絕非偶然，常常都是經過縝密計算與設計。

例如某奶粉廣告用微紀錄片的形式，記錄下堅持餵哺新生兒母乳的媽媽們的辛勞，引發了很多新手爸媽的強烈共鳴，創造了一波按讚瘋轉。或例如在奧運比賽期間，某汽車品牌以台灣選手跟台灣意象為核心的廣告，引發台灣觀眾的愛國之心，也是創造了一波受眾對該品牌的關注。

> NOTE 影片參考清單「2-3-1 惠氏啟賦 3 母乳之路 紀錄片（完整版）」

> NOTE 影片參考清單「2-3-2 品牌大使李智凱 & 郭婞淳 形象影片
> 感動獻映 TOYOTA」

如果你有從 Part 1 開始循序閱讀這本書中的段落，你應該已經能分析出這些廣告行銷影片是如何把影片創意轉換為傳播力的，也應該能理解到策劃的準備工夫的確相當重要。然而也有很多的影片，在策劃過程中的分析方向都沒問題，創意也十分有意思，卻未能達到預期的傳播效果，在創意轉化為影像的環節裡，到底出了什麼問題呢？

觀眾對廣告行銷影片的「免疫反應」

沒有人喜歡被推銷的感覺，我相信平常接到銀行貸款推銷電話的你，一定跟我一樣感到不耐煩，恨不得立刻掛掉電話，而觀眾在被廣告行銷影片轟炸時，大部分時候也會產生反感，以前在電視時代可能會轉台，現在網路時代則是會快速點「X」關掉影片。這種厭惡「被推銷」而自然產生的排斥感，我稱為觀眾對廣告行銷影片的「免疫反應」。

一個最顯而易見的例子，就是社群媒體上網紅或頻道主「非業配影片」與「業配影片」的按讚率與互動率的落差，大多數的狀況下只要觀眾發現該影片是「業配影片」，那按讚的機率就會立刻下降許多，而且願意在留言區跟網紅做互動的粉絲也會少很多，這是很多委託業配的業主常感到無比頭痛的事，這個現象也是源自於觀眾對廣告行銷影片的「免疫反應」。

不過仔細觀察，有很多的廣告或業配影片明明置入了商品與品牌，甚至大剌剌地把品牌名稱喊了出來，卻沒有引起觀眾的排斥，反而得到觀眾與粉絲的熱烈反應，其中的秘密為何呢？到底是用什麼樣的方法巧妙地壓制或避開了觀眾的「免疫反應」呢？

🔄 成功的創意：在娛樂之間做到行銷

有一位我十分敬重的創意總監曾提點過我：

> # 廣告的目的是「行銷」，
> # 但要用的手段是「娛樂」。

簡單說，如果你能夠用廣告行銷影片的創意成功地「娛樂」觀眾，讓他們產生某種「強烈的感覺」與「情緒波動」，強化他們的大腦多巴胺系統回饋機制（大腦快樂中樞的正向回饋，我們大部分的成癮都跟這個機制有關），觀眾不但不會在意自己「正在被推銷」，大大地降低商業行銷的免疫反應，甚至會想要重看好幾遍，也可能會轉發給親朋好友讓他們也能享受到影片所觸發的情緒波動。

那該怎麼「娛樂」觀眾呢？哪些感覺才能引發快樂中樞的回饋機制？根據我這幾年的觀察跟歸類，有效娛樂觀眾的方式主要有 4 種。

》 超級厲害

還記得你第一次看馬戲團或雜耍表演，表演者吞下長劍、變出卡牌或跳過火圈時，那種讓你目不轉睛、驚恐又興奮的感覺嗎？我們人類對於這種神奇、驚險與才能過人的戲碼似乎完全沒有抗拒能力。

這招用在影片裡自然效果是一樣好，例如：影片中用「骨牌」或類似的連鎖機關讓人驚呼連連，或是運用魔術創造出觀眾觀影時的驚奇感，如果預算夠厚，甚至還可以像紅牛廣告讓跳傘特技表演者從山頂上跳下來飛進一架貼著紅牛 Logo 的飛機裡，或是從沒想過可以在極地發生的冰雕樂器演奏會，或如果想要創造視覺上的奇觀，用神乎其技的剪接手法來吸引觀眾也是不錯的招數。

無論是上述哪一種創意，只要能讓觀眾看完直呼「也太厲害了吧！」，就算是成功達成娛樂觀眾的目標了。

NOTE 影片參考清單「2-3-3 Honda - The Cog」

NOTE 影片參考清單「2-3-4 Comercial Pepsi 600 Zach King」

NOTE 影片參考清單「2-3-5 BASE jumping into a plane mid-air A Door In The Sky」

NOTE 影片參考清單「2-3-6【大自然療癒系列】史上最北的北極冰上演奏會」

NOTE 影片參考清單「2-3-7 Nike Make Every Yard Count」

» 超級好笑

好笑的廣告或網路影片我們都看過，但總有那幾個能讓你拍案叫絕、捧腹大笑的，看完你幾乎是立刻想要轉發給親朋好友一起笑，這就是喜劇的魅力，像是日本精彩的樂透廣告「LOTO7」、台灣波蜜廣告「打中年輕人」、泰國劇情神轉折的搞笑廣告，或是社群媒體上各種一人飾多角、模仿其他人的影片，都會讓人覺得「也太好笑了吧！」

然而要創造出精彩的喜劇橋段，卻是一門相當不容易的專業技術，一般得委託專業編劇跟導演才能做出效果。不過同時也身為編劇的我可以透露一個技巧給大家，喜劇情境的「好笑」，很多時候來自「角色處境的尷尬」或者「角色窘態讓觀影者產生的尷尬感」。劇情中角色上課放屁屬於前者，而扮醜的如花屬於後者，都是直接或間接讓觀眾產生尷尬感而引發的「笑果」。

NOTE　影片參考清單「2-3-8 日本 LOTO7 全集 1~22　日本長篇樂透廣告」

NOTE　影片參考清單「2-3-9 波蜜 2020 年輕人篇」

NOTE　影片參考清單「2-3-10 你命中有劫數，要不要幫你化解？
泰國搞笑保險廣告」

》 超級惱人

這種「洗腦」或「神煩」廣告你一定看過，劇情充滿無厘頭的設定或誇張的劇情橋段，日本尤其喜歡拍這樣的廣告，看過之後會很想要大喊「也太惱人了吧！」或是「好煩喔！」，但是要忘掉真的很難。

因此這種創意被許多客戶跟創意人員追捧上天，台灣近年來也越來越多人拍這樣「神煩」的影片。超級惱人的創意，運作道理跟喜劇的原理類似，有些是透過超無俚頭劇情或不斷重複的音樂跟口號創造出「讓觀眾覺得超級尷尬」的感覺，有些則用顛覆期望或創造有點政治不正確的情節（網友又稱「地獄梗」或「惡趣味」）讓觀眾產生「很不應該笑但又很好笑」的感受，這種感受算是介於覺得好笑跟覺得討厭之間。

而且這種影片會想要轉發出去的動機也跟其他幾種方式稍有不同，有種惡作劇讓朋友也中招的心態在。網友在轉發這樣的影片時，通常還會寫上一句「不能只有我看到！」，可見一斑。

NOTE 影片參考清單「2-3-11 [玩謝廣告系列] 宇梶剛士 Shop Japan Wonder Core（一）」
NOTE 影片參考清單「2-3-12 大正百保能 - 感冒症狀快走開 體操」
NOTE 影片參考清單「2-3-13 i-Mini 臀感小沙發 終極洗腦美臀歌廣告」
NOTE 影片參考清單「2-3-14 IKEA - I'll be there」
NOTE 影片參考清單「2-3-15 Satan Commercial Match」

》 超級感動

在這四種娛樂觀眾的方式裡，讓觀眾覺得「真的好感人喔！」的影片大概屬於最常見、傳播力最穩定，但編劇技巧要求最高的一種。感人的影片有可能是短秒廣告，或是廣告微電影，當然也可能是微紀錄片或實境影片，前面的單元已經舉過非常多的例子（像是大眾銀行夢騎士廣告、麥當勞母親節驚喜影片等）。

但要做到「感人」的創意，除了選材要準之外，還要熟練編劇能力中最基本的「起承轉合」（東方）或「三幕劇」（西方），以及許多撰寫角色、場景跟對白的技巧，不過我可以透露影片會「讓人感動」，其中有兩個比較大的關鍵：

第一，受眾要對角色困境的共鳴度要夠強，這跟受眾分析研究有關。

第二，編劇要適度強化戲劇衝突，簡單說就是要讓角色受到的阻礙

夠大，讓他的目標不容易達成，這樣當觀眾看到故事主角最終克服萬難達成目標時，情緒自然會跟著被推上高點。

夢騎士廣告就是同時把這兩點做到了極致，觀眾不但對這群老人想要圓夢的目標有強烈共感，更對他們必須得經歷各種訓練與苦難感到心疼，最後他們一群人達成目標在沙灘上合影的那一瞬間才會如此感動。

如果選擇的是微紀錄片或實境影片，那就是深刻地呈現出拍攝對象「過往受到的阻礙」，引發受眾的共鳴。

NOTE 影片參考清單「2-3-16 大眾銀行形象廣告 _ 夢騎士 _3 分鐘完整版」

NOTE 影片參考清單「2-3-17【泰國廣告】這個爸爸一天到晚撒謊但他還是他女兒的」

NOTE 影片參考清單「2-3-18 媽媽的理髮店 7 ELEVEN 廣告」

NOTE 影片參考清單「2-3-19 日本感人廣告 媽媽，1 周歲生日快樂」

案例分析：普拿疼人權律師廣告（反例）

普拿疼曾在幾年前嘗試過一種「感人微電影」形式的廣告，講的是一名人權律師如何幫助台灣家庭的故事，設定本身沒什麼問題，故事的起承轉合也很完整，唯獨在影片 00:32 的時候畫面上突然在主角律師的頭上出現普拿疼的「經典紅點」特效，然後就立刻開始露出商品及賣點說明，結果有很多觀眾因此產生了「出戲感」，嚴重影響影片的觀影體驗，原本希望用「超級感動」的方式來娛樂觀眾，結果因為商品置入得太刺眼：

打斷了觀眾的「娛樂」，
讓影片效果大打折扣。

如果你想應證這件事，可以嘗試把 32~40 秒的片段拿掉，讓故事的起承轉合不被商品說明打斷，你會發現這支影片突然變得「超級感動」。

NOTE 影片參考清單「2-3-20 普拿疼【告別疼痛篇】」

如果要不打斷觀眾娛樂體驗，但又需要置入商品及賣點來說，走「超級感人」路線的創意確實比其他類更辛苦，因為感人這種感受需要靠故事的起承轉合來堆疊，只要少了其中一環就會被打斷，而其他無論是搞笑、惱人或厲害的創意，只要引發的娛樂感受夠強烈，觀眾似乎比較不會在意影片裡的置入，或可以說商品置入對影片本身的娛樂性影響不大。

小提醒

瘋轉常常並不等於瘋轉換，甚至很有可能觀眾看完記得了影片內容（因為娛樂性很高），卻沒有記住品牌或商品名稱。可以嘗試想想看，有哪些方法可以補強這一塊。（本章後面的延伸討輪還會再更深入講解）

▶ 2-4
真的想不出創意時怎麼辦？
創意激發大補帖

　　看到這裡，你或許已經對想生出好創意背後要做的功課越來越清楚，也開始了解怎麼去拆解跟分析成功的廣告行銷影片，但到了真的坐下來準備動筆（指）的時候，腦筋卻依舊是一片空白！切莫驚慌，因為這種事情實在是太常見了，連像我們一樣每天在幫客戶想創意的廣告工作者，都時常遇到腦筋卡住、想不出好點子的窘境。但眼看老闆給的期限就要到了，這種時候該怎麼辦呢？

　　很多創意人都說，遇到「寫作障礙」時就只能讓自己休息放鬆、換個環境，或甚至乾脆先去睡一覺（我在單元 2-1 有列出一些方法），讓潛意識換到腦袋的駕駛座來開開車，或許就會突然「靈光一閃」想出絕妙的創意。

　　不過身為一個講求工作效率的人，我絕對不會在這種關鍵危急時刻把命運都交給老天，因此我自己便根據多年的經驗，整理出一些構思創意的思路來因應「卡關」時刻。

私房口訣：激發創意的 3 個招數

» 口訣 1：三昧真火

在廣告行銷的圈子裡有個很盛行的口訣，那就是「3B 行銷」（The 3Bs of Marketing），這三個 B 開頭的字分別是：

- **Beast**（動物）
- **Beauty**（美女）
- **Baby**（孩童）

簡單說廣告行銷素材中只要運用這 3B，傳播力便能如虎添翼！其實仔細觀察不難發現，3B 相關的影片在社群媒體上本來就很「火」，影片很容易吸引驚人的流量，像是可愛貓狗影片、小朋友的天真言行，甚至誕生出許多寵物網紅、小朋友網紅，至於原本就很多的帥哥美女網紅就不多贅述。

3B 是運用我們對美與可愛事物的天然喜愛（有學者認為這種喜好是人類演化的副產品）來增加廣告行銷創意的吸睛程度，大多數的廣告行銷影片本來就會找長相與身材姣好的演員，在創意層面，也曾有許多影片創意借用過 Baby 與 Beast 的天然魅力，例如之前法國礦泉水品牌的嬰兒跳街舞的廣告，或是把可愛的狗狗貓貓當成主角的廣告，都是在創意中運用 3B 的例子。

NOTE 影片參考清單「2-4-1 EVIAN ROLLER SKATING BABIES ORIGINAL HD 」

但該如何正確使用 3B 呢？有些人會不管三七二十一，直接把 3B 塞進自己的影片裡，但這並不是完全正確的用法，你應該透過 Part 1 的分析，先思考有沒有什麼可以自然連結到 3B 的方法，例如受眾可能很喜歡小孩子或養寵物的機率很高，還是在受眾的夢想願景中會想要遇到年輕貌美的另一半（泰國汽車貸款廣告）？透過這樣的思考，讓 3B 合理自然地結合到影片的創意中。

» 口訣 2：借花獻佛

在這個單元開頭討論創意時，我就曾講過創意的原創性是「屬於在廣告行銷領域裡的原創」，而且好的創意是要讓觀眾覺得「熟悉又陌生」，我第二個口訣就是運用這個道理：

> 從其他視覺媒體的領域去找表現形式的靈感，
> 「借用」回廣告行銷的圈子裡來。

那到底該怎麼借？哪些表現形式適合借？其實答案是只要在其他領域很受歡迎的形式都能借用，我來舉幾個例子。

葡萄王健康食品廣告就曾借用「特務電影」的形式套用到他們的廣告創意中，讓網友們直呼「這樣的廣告好有創意」。橙姑娘幸福商城

90

曾在梅精的網路廣告裡，借用政治人物「媒體記者會」的表現形式作為影片創意，也是很經典的借花獻佛代表。網紅阿翰更曾在一支去屑洗髮精的業配影片裡，借用了網友們熟悉的「日本節目」表現形式，搭配他本身絕妙的角色人物模仿功力，讓該影片在很短的時間裡創造出極高的按讚與轉發數字。

而我自己最喜歡的，則是從電視節目借用的「真人秀」表現形式，這陣子國外有一個樂器教學 App 的網路廣告，就是用這種真人秀的形式為核心創造出喜劇效果，非常吸睛也讓人記憶深刻。

嚴格說起來，在廣告行銷影片的 7 大類型裡，有很多也都是當初創意人「借」來廣告裡用的表現形式（廣告微電影、微紀錄片、實境影片都是），只是因為效果太好，就逐漸成為廣告行銷圈子裡常規的影片類型了。

NOTE 影片參考清單「2-4-3 PowerBOMB 30 秒 電視版 | 引爆你的能量！| 葡萄王生技 」

NOTE 影片參考清單「2-4-4 波特王道歉聲明 」

NOTE 影片參考清單「2-4-5 阿翰 po 影片 | 生活大驚奇 悠季的困擾 」

NOTE 影片參考清單「2-4-6 This app is NOT a game!」

借花獻佛這招，還是有使用時該注意的地方。
客戶最常踩到的誤區就是「品牌調性」這一塊。

借用其他媒體領域的表現形式，通常在觀眾眼中是比較「跳tone」且大膽的創意手法，加上通常都會用於帶喜劇感的創意，容易讓觀眾對於企業或品牌產生「不正經」的印象，如果本身品牌或商品不想要讓受眾有這種連結或印象，那就得謹慎考慮。

》 口訣 3：自廢武功

有時候要徹底吸引觀眾的目光，漂亮可愛的東西或似曾相似的形式已經不夠看，那就該搬出真正的創意大砲，完全顛覆掉觀眾對某種類型的廣告行銷影片的印象，這種徹底顛覆的創意招數我稱為「自廢武功」。但要怎麼顛覆？顛覆的對象又是什麼呢？

我來舉個幾年前曾紅極一時的日本 BLACK 巧克力冰棒廣告為例，它在影片創意裡直接拆解了「短秒數廣告」的影片策劃過程以及為達到行銷目的的許多荒謬手段，彷彿觀眾參與在廣告製作的幕後工作之中，也見證到了廣告行銷人決定「自我放棄」的結果，藉此創造了強烈的喜劇效果。

另一個我曾印象深刻的影片是國外 Dissolve 版權素材網站用他們素材庫裡的影片做的「反諷型廣告」，影片中的旁白模擬了老一代行銷人刻意想要貼近年輕受眾的口吻，讓觀眾一窺影片策劃實作受眾分析（就是我在單元 1-4 講的內容）的幕後思維，反諷當今許多目標為年輕受眾的企業與品牌根本不懂年輕人，只是透過影片策劃時快速搜集來的資訊「裝懂」而已。這樣的創意就是一記很漂亮的自廢武功。

其實不只是宣傳品牌或商品服務的影片可以用這個方式來構思創

意，美國曾有一間新創軟體公司 Risual 就用這種方式來拍招募員工的公司簡介，結果做出一支處處諷刺「公司簡介片」與「品牌形象片」常使用的老梗畫面與刻板台詞的精彩影片，也完美地反映出 Risual 這間公司年輕活力、顛覆創新的形象。

不過跟口訣 2 的狀況一樣，用「自廢武功」做出來的創意通常比較「顛覆」也充滿「反諷」，所以如果不想要觀眾將公司品牌與這樣的形容詞產生連結，那使用前可能就需要再想想，如果真的會傷害品牌，哪怕傳播力可能會相當驚人，這個創意還是不能要。

NOTE　影片參考清單「2-4-7 日本廣告 BLACK 巧克力冰棒」

NOTE　影片參考清單「2-4-8 This Is a Generic Millennial Ad」

NOTE　影片參考清單「2-4-9 risual Corporate Video」

致敬 V.S. 抄襲：模仿他人創意的風險

客戶都很怕影片創意不夠好，而看著一個個曾爆紅的參考影片，難免心癢癢恨不得想要直接拿來用，但可以這樣「竊取」創意嗎？「竊取」的定義為何？可能又會有什麼後果呢？

在藝術的領域裡，本來就存在「致敬」與「抄襲」的模糊界線，小說跟電影就常有疑似抄襲、竊取想法的事情發生，像是迪士尼著名的卡通《獅子王》，就曾被懷疑它是抄襲是日本的另一部卡通動畫《森林大帝》，而更有小說家控告過《哈利波特》的作者 JK·蘿琳抄襲自己的原創想法。

對我來講，抄襲與致敬的界線主要在兩個層面上。第一，致敬他人創意與作品時，觀眾應該能很明顯地看出來，而且原作也通常會大方承認自己是想要「致敬」某個藝術創作，相反地，抄襲他人創意與作品時，往往是偷偷摸摸進行，被發現後原作者也通常抵死不認。

第二，致敬他人創意與作品時，通常都是在原來的作品上做「二次創作」，並不是原封不動地移過來使用，而抄襲的話，通常只是把幾個人名與場景換掉，其他全然保留，所謂換湯不換藥。

那「抄襲」其他廣告行銷影片的創意，是否有關係呢？身為創意人，我本身是不願意做抄襲的事，但這主要是出於職業道德。先從法律的層面來說，因為這種「抄襲」通常只會保留所謂的創意概念，並不會沿用原廣告的畫面、詳細劇情與配樂等，因此真的要被「定罪」尚有其困難度。但如果從客戶的角度來想，雖然說只要不被發現，那抄襲他人創意很可能不會有什麼影響，不過現在的網友跟觀眾看得影片很多，一般都看得出也嗅得出「抄襲」的味道，那根據現在網友對當「鍵盤警察」的熱枕，這個廣告的業主很快就會變成苦主，除了廣告連結下方的留言區罵聲不斷，甚至還會被發到其他論壇與社團（例如臉書社團「人3」）二次撻伐。

曾有一段時間日本廣告「LOTO7」紅遍了網路各大社群網站，結果在那一兩年內，中華航空、中華電信與國軍都各別推出了創意非常類似（表現形式都是劇情神翻轉＋結尾角色誇張表情）的廣告影片，結果引起網友一陣抨擊。但也有模仿了比較久遠的創意而沒有被網友發現的例子（有時候是無意間模仿而並非蓄意），寵物便便袋品牌噗噗抓就曾出過一系列玩「無俚頭因果關係」的創意廣告，但其實這個

創意與多年前美國 DirecTV 廣告使用的創意極為相近，幸運的是他們沒有因此被網友抨擊。

跟小說、電影一樣，廣告行銷的世界很難有真正的原創，真的抄襲他人創意的業主大可否認自己的抄襲行為，但畢竟網友觀眾的眼睛是雪亮的，如果你抄得太明顯（例如表現形式太相似），抄的對象又是國內外知名廣告，那恐怕就得承擔被發現後的負評聲浪。

相對來說，多使用「借花獻佛」這種只是「借用」其他媒體領域表現形式的做法，在網友眼中比較像是在「致敬」其他類型的作品，除了相對安全，也更容易被大家視為「有創意」。

NOTE 影片參考清單「2-4-10 10 Famous Funny DirecTV Commercials」

NOTE 影片參考清單「2-4-11「噗噗抓」創意廣告 美女篇」

小演練

從你收集覺得「有創意」的廣告行銷影片中，看看哪些使用了本單元的「激發創意 3 口訣」，或甚至用了兩個以上的口訣。

▶ 2-5

如何在構圖跟分鏡中做創意？
跳出常規吸引眼球

影片就是用視覺來溝通事情的工具，
除了影片在「內容上」發揮創意之外，另一個
可以吸引觀眾的方式是在「畫面上」發揮創意。

　　其中一個很多攝影師會教的小招數，就是不要用常規的角度去做畫面構圖，像是 Instagram 上很常看到的從桌子正上方拍攝食物的畫面、用微焦鏡頭（ex. LAOWA 老蛙鏡頭）物品特寫，或是很多影片中從低角度往上仰拍，甚至單純的空拍畫面，都是運用這種「不常規角度」來創造觀眾在視覺上的新鮮感，因為我們平常人眼無法或很少從這個視角看世界，所以很自然地會被這樣的畫面所吸引，讓人克制不住地想要看。

NOTE　影片參考清單「2-5-1 Testing Out the Laowa Probe Lens | Sony A7iii」

NOTE　影片參考清單「2-5-2 Madeira | Cinematic FPV」

這只是運用畫面做創意的其中一種方法，但在學會「玩畫面」之前，一定要先學會使用畫面的基礎知識，這包括：

- **能保住畫面基本美感的「構圖」知識。**
- **還有用畫面順序把故事說好讓觀眾看懂的「分鏡」知識。**

🔅 常規的畫面構圖方法

在動態攝影的世界裡，最主流的構圖方式有幾種：對稱構圖、三分構圖、傾斜構圖。接下來我就開始逐一介紹。

》 對稱構圖

對稱構圖顧名思義就是把拍攝主體放在畫面中間，而主體的左右元素呈現鏡像的對稱。這種構圖會給人一種「穩定」或「完美」的感受，甚至用多了會產生一種「不真實感」，畢竟我

們真實生活裡大部分時候看到的景象都不是完全對稱的，也是因為這樣所以對稱畫面非常吸引人。

» 三分構圖

三分構圖是將畫面
（無論長寬比例）用長
寬兩邊各兩條輔助線劃
分為九個大小相等的區
塊，四條線的交叉處稱
為「視線焦點」。三分
構圖的用法是將主體放
在其中一條輔助線的兩

個視線焦點上，讓畫面被分為「主體所在」的三分之二以及「沒有主
體」的三分之一。

如果是大自然景物則可以把主要景物（例如樹林或是天空晚霞）放
在上或下、左或右的三分之二，次要景物則佔據剩下的三分之一。三
分構圖很接近古代藝術家作畫時愛用的黃金比例，這種構圖會讓人感
覺「舒服」且「自然」，能讓畫面顧及到最基本的美感。

» 傾斜構圖

傾斜構圖是一種利用
對角線來當輔助線，刻意
打破平衡的構圖方式，如
果畫面明亮鮮豔，可能會
創造更多「動感」與「活
潑」的氛圍，但如果畫面
氣氛幽暗沈寂，會讓人感

覺到「不安」與「擔憂」，甚至會覺得「恐懼」。

傾斜構圖是在三種構圖方法裡，離我們平時看到的景象最遠的那一個，彷彿你頭被迫歪斜著，或是躲在床底下往外看的那種情境。

常規的分鏡編排設計方法

分鏡是影片中每個單一畫面，分鏡表則是許多分鏡的順序編排。每個分鏡中被拍人物所佔據的畫面比例（也有人講成攝影機距離演員的遠近）稱為「景別」，大致上可以分為下圖這幾種。

分鏡表其實就是一連串「景別的順序排列」，但這個順序並不是亂排，而是要傳遞資訊給觀眾，並且引領著觀眾慢慢進到或離開某個場景，幫助他們了解現在正在發生什麼事。

EXTREME LONG SHOT XLS 極遠景　　VERY LONG SHOT VLS 遠景　　LONG SHOT LS (MASTER SHOT) 全景

MEDIUM LONG SHOT MLS 小全景　　MID SHOT MS 中景　　MEDIUM CLOSEUP MCU 近景

CLOSEUP CU 特寫　　BIG CLOSEUP BCU 大特寫　　EXTREME CLOSEUP ECU 極特寫

> 常規來說，為了不讓觀眾產生困惑而「出戲」，
> 景別順序的排列有基本邏輯規則：
> 從大到小、再小到大。

就像用文字說故事一樣，通常你會先把時間地點等資訊先講出來，然後才提到主角以及他的處境與動作，用影像說故事也是這個邏輯。因此在設計分鏡表時，通常都會先畫出最大的景別，例如「日出的整座城市」與「城市某處的公寓外觀」這樣的「極遠景」或「遠景」，然後才會進到公寓裡，用「全景」或「小全景」讓觀眾看到該場戲的角色以及角色跟環境的關係，或是讓觀眾看清楚角色在該空間中移動的樣貌。

當劇情開始展開，戲中角色開始講話跟互動，則會進入到「中景」與「近景」讓觀眾越來越靠近劇情衝突的核心，並時不時以「特寫」和「大特寫」來強化角色情緒的喜怒哀樂，讓觀眾產生更強烈「入戲」的感覺。

當該場戲的主要衝突結束，鏡頭就會按剛剛的順序反過來往後退，讓觀眾知道「戲」已經結束了。

NOTE　影片參考清單「2-5-3 松蔦青語（第一話）｜動態分鏡對照」

跳出常規！用畫面吸引觀眾眼球

在講解完常規的構圖跟分鏡編排的方法後，再來就能正式教大家如何用畫面來發揮創意，簡單說：

> **就是要「跳出常規」，**
> **讓觀眾覺得眼前的畫面「有點不尋常」**
> **來吸引他們的注意力。**

下面是幾種在廣告影片中運用畫面做創意的方法：

» 分屏創意（Split Screen）

用兩張以上的畫面來拼湊出一個分鏡構圖，這就是分屏創意影片的基本概念，這麼做不但很容易吸引觀眾的注意，畢竟拼湊的構圖很搶眼，還可以適當地創造畫面之間巧妙的互動。

雖然分屏創意行之多年，像是英國百貨公司 John Lewis 大玩穿越愛情的經典分屏廣告 The Other Half，或是運用各種分屏互動創意巧思的紐西蘭保險公司 Vero 的年度廣告 That's Better，到 2021 年東京奧運在極美分屏廣告裡拿日本元素結合奧運與鐘錶畫面的鐘錶公司 Omega，都是運用分屏創意來達到強大吸睛效果的好案例。

NOTE　影片參考清單「2-5-4 John Lewis: The Other Half」

NOTE　影片參考清單「2-5-5 Vero Insurance - That's better TVC」

NOTE　影片參考清單「2-5-6 Timekeeping and tradition: OMEGA meets Japan」

》 景別跳接 （Dynamic Cutting）

前面有提到在分鏡表中「景別順序」的常規排法，從遠景到全景，再到中景跟特寫，然後結尾則反過來「由近慢慢到遠」來暗示故事結束。這裡就要教大家怎樣打破這個常規，創造出一種稱為「景別跳接」的吸睛效果。

方法本身很簡單：直接從特寫跳接到全景或遠景，創造出「強迫觀眾出戲」的喜感，也可以從全景跳接到特寫，創造出充滿驚嚇與違和的觀影感受。

當然，這樣的設計必須要配合影片創意與劇情設計，才能達到最好的景別跳接效果。

NOTE　影片參考清單「2-5-7 Sticking Together, No Matter What Tsuruya Japan Ad」

NOTE　影片參考清單「2-5-8 銀之盤壽司 CM「秘密」篇」

》 動態照片 （Cinemagraph）

我們人的眼睛天生就很容易發現一個畫面中「不尋常」的地方，演化心理學專家猜測這與我們的生存本能有密切的關連，「動態照片」

就是充分運用我們人類這種特性的吸睛手法。動態照片在這邊的定義，是照片中只有部分區塊有在移動，照片其他部分維持靜止的特效。

通常觀眾在看到「動態照片」時，會很難克制自己不停下來看，因為這樣的畫面實在是太不正常了！動態照片的效果可以單純用在一單張照片上，或是混用於一般的廣告行銷影片裡，像是很多廣告常用的「時間暫停」效果（只剩鏡頭或主角在自由移動），就是動態照片的其中一種延伸應用。

NOTE　影片參考清單「2-5-9 truTV Creates First Ever Cinemagraph TV Ad with Flixel and Pizza Hut」

NOTE　影片參考清單「2-5-10 Mercedes Sprinter „TVC Bullet Time Backstage" 2015」

 小演練

拿起手機或相機，開啟「輔助線」或「格線」的功能，練習三種基本構圖法，並嘗試用所謂「不尋常的」角度練習拍出吸引人的靜態照片與動態影片。

延伸討論一：
瘋轉不等於瘋轉換

▪▪▪▪▪▪▪▪▪▪▪▪▪▪▪▪▪▪▪▪▪▪▪▪▪▪▪▪▪▪▪▪

情境討論

我成功設計出（拍出）一支轉發率很高的影片了！但現在又有一個困擾，那就是雖然觀看次數、按讚數跟轉發次數很漂亮，但怎麼好像對「銷量」沒有太大幫助？是哪個環節做錯了嗎？該怎麼及時補救？

　　這個問題真的很常見，不過首先要恭喜你，不論是單靠自己或是跟製作團隊一起成功設計出能「有效傳播」的廣告行銷影片，這都已經打敗非常非常多人了。現在回到問題本身，為什麼「瘋轉」並不一定等於「瘋轉換」呢？很可能你少了一些可以搭配或融合在創意裡的小設計。

◐ 兩步驟讓受眾牢牢記住商品名和賣點

　　其中一種轉換無效的原因，很可能是觀眾看完影片，卻完全不記

得影片裡的品牌或商品，你可能會覺得很好笑，但這種事情十分常見。例如前面提過的感人泰國父女情廣告，或是可愛的動物開車的廣告，或甚至是阿翰的搞笑日本節目影片，你現在還能記得他們分別是在廣告或業配哪個品牌跟商品嗎？是不是有點難想起來？

» 想辦法讓人記住你

為了避免這種狀況，可以在不影響觀眾娛樂體驗的狀況下，在畫面中強化品牌與商品的露出，或是運用「結尾口播」跟「Jingle（讓觀眾記得品牌或商品名的小旋律）」，讓觀眾在享受完影片創意所帶來的娛樂效果後，脫口而出「原來是 XXX 品牌的廣告啊！」

另一招則是在影片中不斷地重複品牌或商品的名字，讓觀眾留下更深刻的印象，例如前面提過的日本健身器材廣告（重複 Jingle），或是一些「超級惱人」的洗腦廣告，就是透過不斷地重複品牌或商品名字來加強觀看者的印象。

不過這種手法通常比較適用在喜劇創意上，如果是帶有故事性的感人廣告執行起來會比較不合適。

» 把賣點融入劇情裡

觀眾記住影片卻沒有行動還有另一種可能,就是你的影片內容並沒有達到推銷服務或商品「賣點」的使命,因此即便影片很吸引人,卻因為內容沒有真正打到受眾的痛點,導致受眾最多「轉發」你的好創意而不一定會「購買」你的好服務或商品。

葡萄王曾出過一支益生菌商品的廣告,把商品賣點直接轉化為創意內容,不但讓人想轉發,還能快速記住所有商品賣點。

另外對岸的金立品牌曾邀過馮小剛和余文樂一同演出一支微電影廣告,裡面不但把商品賣點重複說了超多遍,看完還會讓你拍案叫絕,立刻想轉發給親朋好友看。

NOTE 影片參考清單「2-6-1 葡萄王益菌王 | 原來黃金戰士這麼厲害?」

NOTE 影片參考清單「2-6-2 余文樂馮小剛主演《手機芯戰》」

🔄 兩步驟把受眾的關注轉換為行動

但並不是所有的影片創意都適合一直強化品牌名字或商品特性,尤其是走比較感性路線的時候,這時就要探討另一個轉換無效的可能原因,單純就是業主並沒有「打鐵趁熱」。

在 Part 1 有提過,成功的廣告行銷影片能引發受眾某種感受,這種感受夠強烈的時候就可能會引發關注或購買的衝動行為,但這有個大前提:你有引導他們把「衝動」轉化為「行動」。

》 下達行動指令 CTA（Call to Action）

「請上網搜尋 XXXXXXX！」、「請撥打 0800-XXX-XXX！」、「現在上 XXX 官網瞭解更多！」、「請支持我們這次的募資行動！哪怕是 100 元也能幫助我們向前！」這些都是常出現在影片結尾的「行動指令」，結尾放這樣的呼籲聽起來很理所當然，但很多影片其實都會忘記做，或是做得不夠強烈，以至於看完影片並按讚分享後的受眾就 …… 沒接下來的動作。

你也可以說行動指令是對觀看者下的一種行動暗示，說不定要多看幾次才會真的動起來，但一定要記得講。

》 巧妙引導受眾到行銷漏斗的下一步

在 Part 1 中有提到，你的影片可能在行銷漏斗中擔任某個特定的角色，負責某個特性的任務，那就要記得讓它能無縫銜接到下一步。

例如你的影片是「吸引」受眾的注意，對品牌或商品產生了初步的好印象，那影片片尾或是發文下方的文字說明裡就應該要附上商品的 Landing Page 網站或是官網商品頁，最好還能有其他手段來增加點擊連結的機率（像是現在關注就有抽獎機會或試用品之類）。

如果你的影片已經成功「說服」受眾，那他們現在肯定心癢癢想要下單，那這時應該適時提供下單連結、商城連結或購買電話，當然一樣最好有其他手段來增加轉換機率。

跟行動指令一樣，這聽起來很基本，卻有很多客戶在設計影片的時候忘記或做得不夠好。

▶ 2-7

延伸討論二：實戰案例──
教育部育兒津貼廣告

情境討論

　　2021 年中，我剛好有個機會幫教育部拍攝一支講「0 到 6 歲國家一起養」這個政策的宣導影片，當時接洽到這個案子的時候只知道長度 30 秒，要宣導「升級版政策對於小孩就讀公幼／準公幼／非營利幼稚園的補助提升」這件事。跟很多客戶一樣，他們並沒有預先想好影片創意的方向，希望我們團隊能提出想法，那這影片到底該怎麼設計呢？

◎ Step 1: 影片目的

　　首先一定要先弄清楚影片的目的。你可能會說，這支影片就是要宣導一個國家政策，目的不是很清楚嗎？沒錯，不過我在 Part 1 曾說過，可以稍微往後退一步來思考：現在遇到的「大問題」是什麼？

　　稍微分析一下過往政策或政令宣導片（不只是教育部的）不難發

現，他們大部分都偏向「說明影片」這種類型、內容通常很無聊（或自以為幽默搞笑），都讓人看不完想直接跳過，而且內容往往也都記不住。這就是我們在做政府宣導影片時的「大問題」。

因此如果我們的影片要成功達到「宣導政策」的目的，其實同時還需要克服另一個困難：要讓觀眾願意看完，並且把基本資訊吸收進去，並給予簡單的行動指令。當然如果能夠按讚或轉發那當然就更好了。

但我們先不用那麼貪心，先做到「讓觀眾願意把影片看完，並且把關鍵資訊記住」，這就是我們這支影片的目的。

- **WHY：宣導「升級版育兒津貼政策的就學補助提升」，並且要讓受眾看完、吸收資訊。**
- **WHAT： 一定要講出三項內容「A.就學津貼提高了」「B.每個月的補助幅度」「C.政府省下來的錢可以如何讓家庭受惠」。長度 30 秒。影片類型：短秒數廣告，但內容可能偏說明影片。**
- **WHERE：電視＆網路（主要在 Youtube 上，會打廣告）**
- **WHEN：8 月政策開跑後，就會開始推播這支廣告。播放時段暫時未知。**

🌀 Step 2: 受眾分析

我每次都會把 WHO，也就是受眾分析單獨分開來討論。有看單元

1-3 內容的人就知道，受眾分析得越透徹，能寫出有效創意、拍出有效影片的機率就越高。幸運的是，這支廣告的受眾很好界定，跟政策本身一樣，打的就是現在 25~45 歲的年輕爸媽們，尤其是新手爸媽（可能只有一胎，或已經在規劃二胎），會特別想要關注這樣的育兒補助消息。

所以如果要更聚焦，那年齡段應該是在 30~35 歲之間。性別方面，電視觀眾一般以女性偏多，但整體而言（包括網路）並不會有特別偏向打男性或女性的狀況。

因為我本身就是這個族群的爸爸，身邊很多朋友也都在處在這個階段，所以我特別清楚家裡有小孩子的爸媽的狀態：在這種有 1~2 個孩子的小家庭裡，爸爸通常狀態比較好，比較會主動跟小孩玩，但也比較少在做育兒相關的家務事，而媽媽通常都一副「厭世臉」，這不只是因為媽媽負擔的家務往往比爸爸多，媽媽本身擔憂孩子的焦慮指數天生就比爸爸高，所以才有很多媽媽形容自己的「老公」其實更像家裡的「大兒子」，很多家庭都呈現這樣的狀況。

· **WHO：廣泛一點的族群會是 25~45 歲年輕爸媽，家裡可能有 1~2 個小孩，小孩至少有一位年紀是在幼稚園。更準確的族群則是 30~35 歲年輕爸媽，家裡可能目前只有 1 個就讀幼稚園的孩子，而且因為鎖定的是小孩讀「公幼 / 準公幼 / 非營利」幼稚園的家庭，所以經濟狀況可能屬於中產階層以下，家庭的收入跟支出可能剛好平衡，不過還是會重視孩子的教育跟發展。**

Step 3: Big Idea

要想出「好點子」，就要從「大問題」中嘗試去找出「洞見」。

既然我們得解決一般宣導片觀眾不願意看完的問題，那首要的任務就是要找出讓受眾看完的方法。在單元 2-3 裡我提過「娛樂觀眾」的重要性，因此我們這創意一定要有很大的娛樂性，但不能是過往很多宣導片裡那些「自以為很娛樂觀眾」的創意跟手法。

再來我選用了單元 2-4 裡提到的「借花獻佛」的招數，決定要用國外常見並受網友追捧的「搞笑家庭真人秀採訪」當作這次的創意表現形式，希望看到這支影片的爸爸媽媽，能因為充滿喜感的劇情笑一笑，暫時忘卻掉帶孩子的辛勞。

- **Big Idea：雖然帶小孩的日常可能很崩潰，但其實仔細想想也蠻好笑的！**
- **Slogan：無。（秒數比較短，決定結尾直接引出搜尋政策關鍵字的「行動指令」）**

Step 4: 影片創意

最後就是要把上面這些全部融合起來，寫出藉由「轉化 Big Idea」來達成「影片目的」的影片創意跟腳本。這是我最燃燒腦力的時候，也是整個影片策劃過程中最難、最有價值但也最難跟客戶收費的部

分。這一段我就不多加贅述，直接讓各位看看影片的成品，配上當時所謂的「創意腳本」，你就能看出我是如何把上面的資訊、洞見與分析轉化成一個有效的創意。

NOTE 影片參考清單「2-6-3 0-6歲國家一起養」

影片腳本：

段落／架構	秒數	內容／畫面簡述
開頭 （資訊A）	7秒	採訪：一對夫妻接受訪談，<u>先生說他們有個4歲的孩子，讀的是準公共幼稚園</u>。他們身後傳來孩子玩玩具的喧鬧聲，孩子拿著飛機故意撞上爸爸的肩膀，一旁媽媽低呼孩子的名字警告，但臉上仍掛著笑容。
（資訊B）	9秒	採訪：先生講述他覺得這次<u>補助金額有調升，</u>代表政府有看到「我」養家的辛苦。一旁太太冷冷地說了句「我們」，丈夫展現驚人求生欲，立刻改口說「我們」。
（資訊C）	10秒	採訪：老公說<u>從八月開始小朋友上學每個月只要3500，省下來的錢就可以做其他事</u>，老婆才說出「<u>像存教育基金啊…</u>」小朋友這時在畫外大喊「買遊戲機！把拔說的！」老婆瞪了老公一眼，老公連忙揮手撇清
結尾	3秒	出現搜尋bar：（0-6歲國家一起養） 全家一起喊：<u>0到6歲國家一起養！</u>

（＊影片腳本格式的討論，請詳見單元3-3內容）

▶ 2-8
職能訓練：情緒板（Mood Board）把創意影像化

有些本身比較愛自己寫創意的客戶，常常跟我討論除了「參考影片」之外，有沒有其他方法把腦中想要「影像化」的創意點子想辦法記錄下來。其實有，這個工具是創意或導演常會用到的視覺化工具「情緒板」，英文稱 Mood Board。

跟 Part 1 結尾的「影片需求表」最大的不同，除了一個在前（一定是先填寫需求表）一個在後（進入創意階段才會用到情緒板）之外，就是影片需求表比較有邏輯性，可以一步一步往下推，而情緒板更偏向是一種幫你把心裡想的「感受跟氛圍」做整理跟分類的工具，畢竟創意想法本身就更發散、更感性。

下面我簡化了一份我平常身為創意跟導演會用的情緒板，用起來會更加地簡單好用。板子上分為五個區域，分別是：

- **中央的「情緒 / 感受」**
- **右上的「畫面氛圍 / 光影色調」**
- **左上的「片中元素 / 角色樣貌」**
- **左下的「場景 / 裝潢佈置」**
- **右下的「音樂風格 / 節奏」**

我直接在表格裡做各項的填寫說明。

情緒板（Mood Board）簡易版本	
好點子 （Big Idea）	
影片創意 （劇情描述）	
廣告語 （＊如果有）	

Elements ／ Characters
片中元素／角色樣貌

Image ／ Color ／ Tone
畫面氛圍／光影色調

Mood
情緒／感受
（形容詞，描述
你想要受眾看完的
感受如何）

Music ／ Beat
音樂風格／節奏

Location ／ Set Design
場景／裝潢佈置

Part 3
影片拍攝力

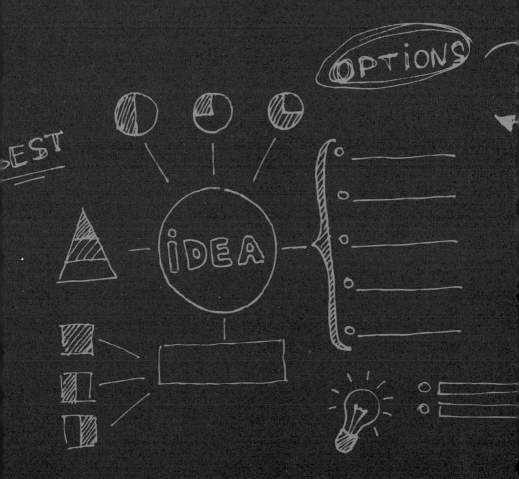

▶ 3-1

影片要自己拍
還是委託製作團隊來做？

██

現在你對想做的影片有了很清楚的想法，甚至創意跟腳本都已經寫好了，那接下來呢？是自己拍還是委託團隊製作呢？我接觸到的客戶基本分為兩大類，有把影片全部外包給製作團隊的，還有跑來上我的影音課程想要自己拍省省錢的。

身為這個影片案子的「監督者」的你，該怎麼做才能兼顧效果跟荷包呢？

⚙ 影片的專業度 = 品牌的可靠度

我們先從「效果」的角度來談，畢竟影片如果沒效果，那省下來的錢其實也沒什麼意義，是吧？讀過前面 Part 1 跟 Part 2 的讀者會知道影片類型實在是很多種，執行與拍攝的難易度也差別很大，所以當客戶問我「該自己拍還是找人拍」這個問題時，我都會說：

> # 重要的影片盡量委外製作，
> # 結果「通常」會比較好。

會說「通常」是因為偶爾會遇到有些比較不專業或不給力，或不懂得跟客戶做有效溝通的製作團隊（真的很常聽客戶抱怨這塊，但從我的角度看其實雙方都有問題，最常見的就是資訊不對等，都在做無效溝通），這樣一來當然也無法製作出真正有效果的影片。那麼如何減少這樣的風險呢？本單元後續都會做討論。

要談「效果」就不能不談影片在觀眾眼中「品質如何」或「看起來夠不夠專業」的問題，畢竟從觀眾的角度來說「影片的品質」很容易跟「品牌的專業度或可靠程度」劃上等號。掉漆的影片可能造成受眾對品牌形象大打折扣，站在業主的立場實在沒必要花這個冤枉錢，因此我才說重要的影片盡量委託專業的團隊製作，除非你公司裡剛好有相關經驗的影音人才，不然光是籌拍過程中的各種行銷策劃專業、拍攝器材購買的費用（先不論操作的人的概念與美感），以及做後期時的剪接、視覺設計、音樂音效設計等，就夠你頭痛的了。

何況養影音人才與器材的費用實在不低，如果一年沒拍幾部影片的公司或品牌，委託專業的製作團隊做影片反而更省錢，整體換算下來 CP 值比自己養團隊高出許多！

不過也不是全部的影片都需要委外，製作「採訪」或「快問快答」這類比較簡單的社群或自媒體影片，假設公司裡確實有人能勝任，策劃能力、製作能力與藝術美感都能跟得上影片的需求，而公司也有簡單的攝影、收音器材、剪接軟體，那這類影片或許就不一定要向外求援。

快速篩選影片委製團隊的 3 個指標

影片「監督者」並不是容易勝任的角色，畢竟影片製作的過程中不會有精確的設計圖或樣品，因此如何與團隊溝通，在風險管控與尊重專業之間取得平衡，最後產出效果理想的影片，這些都是身為監督者的你必須要夠熟練的一門學問。

而風險管控的第一步，便是選擇一個可靠且專業度夠的製作團隊，但面對各種各樣來自四面八方的團隊，到底該怎麼選才不會踩雷呢？

前面有提到影片「品質」或「專業度」會直接影響到受眾對於品牌的印象，因此要委託製作影片的團隊也絕對不能找到太掉漆的團隊，否則不但合作過程會比生產還痛，最後的成果還可能品質不佳或效果不好。有些影音團隊可能是長官或同事推薦的，有些可能是你在臉書廣告上看到的，甚至有些是你主動搜尋 Google 發現的（但其實是團隊買了搜尋關鍵字），這些團隊有的可能有華麗的網頁，有個可能只有經營粉絲頁，有的可能連粉絲頁都沒有只有一張名片。

> **無論是哪裡來的團隊，**
> **千萬「不要」做接下來的這件事：**
> **先用價格做篩選標準。**

　　你可能會說，很多團隊的網頁上，常常會有「拍攝價格」的參考，感覺用價格來選似乎也沒什麼不對啊？但仔細想，在策劃影片的這個階段，或許你都還不是非常清楚影片最好該長成什麼樣子，那這些參考價格怎麼會有參考價值呢？如果這時候你去選「參考報價 10 萬」而不選「參考報價 30 萬」的團隊，充其量只會讓你選到刻意用低價吸引客戶的團隊而已（製作預算的規劃，會在本書 Part 4 中做更詳細的講解），跟團隊實際上的實力、經驗以及合作順暢度基本上都沒有關係。所以合作團隊到底該怎麼篩選？我通常會建議客戶從這三方面去做初步判斷。

》 團隊作品集

　　最直觀的方式是從團隊的作品集來做判斷，作品雖然不見得是越多越好，但最好能找到一些團隊作品的風格與感受，跟你想要的成品相似，或是跟你找到的參考影片風格相似的作品。有些團隊擅長拍廣告微電影質感的作品，有些擅長紀錄片類型，有些則很會包裝社群、自媒體影片。

這邊唯一要注意的是，
最好要看清楚（或問清楚）團隊在網站上的作品
是否為團隊內部成員所拍攝。

這些作品是由所謂的 In-house 編導跟攝影師完成（或該團隊的老闆本身就是導演），還是這些是團隊跟外部的導演或攝影師合作的作品，這會跟之後你們的合作方式與報價彈性有些關係，後面還會再補充說明。

》提出的問題

剛接洽製作團隊時，不論你是否已經把我們在 Part 1 中提到的製作需求表（Production Brief）發給對方，他們一般來說都會開始提出一些問題，這就是判斷這個製作團隊有沒有基本策劃概念與能力的時候。

有概念的團隊會把 Part 1 大部分內容確認一遍，
從影片類型、目的、受眾、投放平台等，
甚至是可能會細問到後續的行銷規劃。

知道這麼問的團隊策劃能力通常比較好，後續的合作也通常比較順利也比較有保障，否則往往會在溝通過程中雞同鴨講，浪費寶貴的時間跟預算。

》 報價的方式

有些團隊會直接「粗估」一個價格給你，或是網站上就已經寫著一些所謂的拍攝參考價，這些都沒關係，但如果還沒有對於你的發案需求有足夠了解就開始批哩啪啦的報起價來，這就是個明顯的警訊，可能代表該團隊並不真的懂如何策劃影片，或是他們平時所執行的拍攝製作案都相當簡單（例如：某些社群影片或活動紀錄）。

> **有經驗的製作團隊**
> **通常都會在充分了解案主的需求後，**
> **才會給予比較精準且客製化的報價／估價單。**

（估價單相關內容請見 Part 4）

🔅 影片製作的過程就是「期望值磨合」的過程

我常跟我的客戶說，委製影片並不是去餐廳點菜，嚴格說起來，比較像是找了名私廚來到家裡做料理，你肯定會把你當晚晚宴的需求告訴廚師，其中包括賓客的體質、喜好、期望等，而廚師也應當會提出一些菜色的想法供你來選，這時候如果你也懂得一些廚藝的基本原理，那跟廚師的討論就會越深，最後出來的菜色也應該會越符合晚宴的需求，最後獲得滿堂喝彩。

這也就是為什麼身為影片「監督者」的你需要理解影片製作的基本流程跟方法，而不是丟下一句「我相信你」就覺得對方能生出你心中一百分作品的原因。因為拍攝團隊有他們的專業，但你在自身產業或領域裡也有你的專業，唯有合作無間，才能確保廣告行銷影片的品質與效力。

其中最重要的關鍵，就是要在製作影片的每個流程中，雙方都不斷地溝通，不斷地做「期望值」的管理跟磨合。

什麼是「期望值」的磨合呢？簡單說，就是雙方在溝通的時候，隨時把心中完成作品的想像盡可能地「描繪出來」，有可能是文字或口頭描述搭配參考影片，也可能是用上一單元末我介紹的「情緒板」來溝通，當然再更進階的話，可能就是討論完整腳本甚至是分鏡表。無論是用什麼工具，目的都是一樣的：

要盡量消弭「我的想像」跟「你的想像」
之間的差距，讓最後的成品能符合業主期望，
甚至超越業主期望而得到驚喜，
而不是最後看到成品時受到驚嚇。

明白監督者了解影片製作流程的重要性後，在接下來的段落裡，我就來拆解這個製作的流程，以及在流程的不同階段的監督重點，讓你能成為一名「稱職」的客戶。

小演練

嘗試透過不同管道搜集至少三間製作公司／工作室／團隊的名單，先提供較為有限的影片策劃資訊來跟對方溝通，記錄下對方怎麼回應，並用本單元所教的判斷方式做評測。

3-2

製作一部影片到底需要多久？
流程為何？

除了「一支影片要多少錢？」之外（記得看完這本書之後就不要再這樣問了），「一支影片要多久才會製作好？」大概就是我最常被客戶問的問題了。但有別於「多少錢」的問題，「要多久」的答案基本上相當明確：用正常速度來製作一支廣告行銷影片差不多要45～60天，除非影片屬於「非客製化」的類型，像是前面提到的某些社群影片或活動紀錄等，不然連你可能認為內容很簡單的介紹商品的說明影片，也都需要充分的時間來規劃跟製作。

但你可能會很納悶，到底為什麼要這麼「久」呢？不是應該就拍一拍、剪一剪，然後給業主看一看，這樣就 ok 了嗎？我只能說，還好你有把這本書翻開來看。台灣廣告行銷影片的品質跟效果之所以普遍不佳，就是因為太多客戶「不懂米價」，而「時間」這個成本更是長期被忽略的重點。

> 給予團隊合理的製作時間，絕對是能做出成功影片的關鍵之一，也是影片監督者的必備知識。

🎬 影片策劃與製作流程的三大階段

　　廣告行銷影片的策劃製作流程共分為三部份：前期、拍攝期、後期。有些人會在最前面跟最後面加上「開發」跟「行銷」，但由於這兩部分跟整體行銷計畫比較有關（由公司內部行銷部門或外部行銷公司負責），我在這邊只會專心討論跟「影片製作」直接相關的三個階段。

» 前期 (Pre-production)　所需合理時間：2~3 週

　　從你跟團隊第一次坐下來（或線上）聊這次委製影片的內容，不論當下有沒有完整的 Brief，就已經是進入「前期」的階段了。前期是流程中最重要的部分，影片是否能成功發揮效果，最重要的關鍵就是在前期的溝通跟討論，能讓雙方對最終成品盡可能產生一致的「期望值」，這些細節會在單元 3-3 更詳細地討論。

　　在前期階段開始時，有可能創意已有明確想走的方向（假設業主有提前策劃影片內容），也可能只有影片的基本需求（創意由業主跟團隊一起討論出來），但最終都需要完成雙方有共識的「文字腳本」以及「分鏡腳本」，這也是前期階段的兩大重要工作。

　　在確認腳本後，接下來就得確認演員、造型跟場地等項目，甚至跟後期有關的配音、配樂、特效風格也都要在前製期做討論或確認，這些細節都會在「前製會議（Pre-production Meeting，簡稱 PPM）」中做確認。

　　如果你還有頂頭上司要回報進度跟請示確認，那保險起見「前期

階段」最好至少要預留 2 週的時間。對於策劃複雜度比較高的廣告微電影，或必須跟品牌策略配合的短秒數廣告，前期可能會需要到 3 週或更久的時間。

> 前期需要比較久的影片類型：短秒數廣告、
> 廣告微電影、微紀錄片、實境影片等。

》 拍攝期 (Production)　所需合理時間：1~2 週

等到前期準備底定，腳本、演員、造型、拍攝場地等基本的東西都確認後，就正式進到「拍攝期」，大部分的預算都是在這個時期裡噴掉。拍攝期又分為劇組各組密集準備的「拍攝準備期」（期間重要的節點包含「定妝」、「勘景」與「置景」等）以及實際開機拍攝的「拍攝日」。

如果用蓋房子來比喻的話，拍攝期就是工人們進駐工地開始挖土、鑽地，到房子蓋好、交屋的階段。拍攝期的長短完全看影片類型跟影片長度而定，越複雜的案子「拍攝準備期」自然會越久，這在單元 3-4 中還會再細說。

至於實際「拍攝日」的部分，一般來說最終成品長度在數分鐘內的影片，除非是複雜度較高的廣告微電影或微紀錄片，大概都能在 1~4 天內拍攝完成。

拍攝期需要比較久的影片類型：廣告微電影、
微紀錄片、品牌形象影片等。

» 後期 (Post-production)　所需合理時間：2~3 週

在拍攝完成後，拍攝素材將會被帶到剪接室用軟體進行編輯，之後還有特效、調光、音樂、音效的處理，團隊才能把最終成片交到業主的手上，完成「交片」的動作，這些都屬於後期階段的工作。

整個後期過程最精簡也至少需要 2 週，但如果你還得跟頂頭上司做來回確認，或是後期特效所需時間較長（例如需要處理綠幕背景替換，或 3D 建模，或是製作特效較多的社群媒體影片等狀況），那後期的時間很可能還會再拉長，甚至常常有做後期超過 2 個月都未能「交片」的情形。

因此在後期階段如何跟製作團隊做有效率的討論以及來回調整，這便是後期階段能多快完成影片的關鍵，這部分會在單元 3-5 做更詳細的說明。

後期需要比較久的影片類型：說明影片、
廣告微電影、微紀錄片、實境影片、
網路節目（後期特效較多的社群媒體影片）等。

拍攝本身需要幾天？該怎麼估算？

> 上面有提到大部分的預算
> 都是在「拍攝期」裡噴掉，因此「拍攝天數」
> 的多寡與整體預算有直接的關係。

畢竟每多拍一天，就得多付整個劇組一天的薪資。大部分參與拍攝的技術人員都是用「天」或更專業的「班」來算費用，一班為 8 小時，但如果不休息繼續累加，則會開始用 6 小時為一班或 4 小時為一班做計算（班數計算的方法會在單元 4-3 中做比較詳細的解釋）。

雖然製作費用的估算主要是在本書 Part 4 中說明，但在這裡我想先討論影響拍攝天數的因素，讓身為稱職客戶的你，能在喊出想要做什麼影片類型或創意內容時，同時理解你這個決定如何影響到執行的複雜度，以及可能怎麼影響到製作成本。那下面我們就來討論幾個會影響拍攝天（班）數的幾個因素：

》 場景數量

每到一個新的場地拍攝就得耗費一定的時間，以劇情類影片來說，光是攝影與燈光設備進場、完成一切場地佈置，還有演員穿衣化妝，

都至少要一個小時左右，如果是簡單的採訪，至少也需要半小時左右，實際開機拍攝可能 1～2 小時，然後離開的時候要人員設備撤場，也都至少要半小時。

這樣算下來每到一個場地就至少就要耗費 3 小時左右，因此場景越多，通常代表拍攝場地也多（除非可以在同一場地拍攝不同場景），而一天能「轉場」拍攝的次數也很容易算得出來，通常最多能拍 3~4 個場景。

這就是為什麼「廣告微電影」這種類型會要拍好幾天的原因，但其他類型的影片拍攝天數也不一定少，如果腳本中的「場景」數量很多，那你幾乎可以確定拍攝的「天數」絕對不會少。

》 分鏡多寡

另一個會影響拍攝時間，進而影響到拍攝天（班）數的因素就是分鏡的多寡。簡單說，要拍攝一顆「好看」的鏡頭或畫面，絕對不是你拿起攝影機按下錄影鍵這麼簡單。導演喊出「Action!」前到導演滿意地喊出「過！」的所有準備工作相當繁雜，需要現場各組的齊心配合才能完成一個分鏡／畫面的拍攝，如果以電影來說，要拍攝一個畫面通常需要 20~30 分鐘的時間，對於有些畫面要求沒有那麼高的廣告行銷影片來說，要拍好一個畫面至少也要 10~15 分鐘的時間。

因此如果某支 30 秒數廣告在前期階段設計出 12 個分鏡（成片中一個畫面長度大概 2~3 秒），那即便都在同一個場地拍攝（沒有轉場問題），那也可能需要 3~4 小時的時間才能完成。如果你的影片的節奏比一般影片更快，例如有一段快速的連續蒙太奇畫面切換，

那拍攝期很可能要再拉長才有辦法拍完。

» 畫面複雜度

　　剛剛提到要拍好一個畫面至少也要 10~15 分鐘的時間，但這屬於一般正常的狀況，如果該畫面需要更多複雜的設計，例如一鏡到底的運鏡或是大量群眾演員，或是需要動要高速攝影機拍攝食材飛起來的瞬間，這種畫面當然就不可能用 10 分鐘甚至是 30 分鐘的時間來估算。

　　例如要拍好食物高速攝影，一個畫面甚至需要 2~3 小時的不斷嘗試才能拍到一個完美的畫面，或是單純一個籃球比賽的空拍畫面，光是安排好群眾演員跟演練空拍機的飛行路徑，也可能至少需要 1 個小時，這些都會直接影響到單一分鏡的拍攝速度，進而影響到整體拍攝天（班）數。

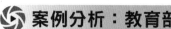 案例分析：教育部廣告製作期程拆解

MON	TUE	WED	THU	FRI	SAT	SUN
	3/30	3/31	4/1	4/2	4/3	4/4
	預算/ 合約確認	合約簽定	確認製作需求	清明連假		
4/5	4/6	4/7	4/8	4/9	4/10	4/11
清明連假	頭款/啟動	前置準備 腳本討論	前置準備	前置準備	前置準備	前置準備
4/12	4/13	4/14	4/15	4/16	4/17	4/18
腳本確認		場景/演員 提報 第一次 PPM	拍攝準備	場景/演員 確認 第二次 PPM	拍攝準備	拍攝準備
4/19	4/20	4/21	4/22	4/23	4/24	4/25
拍攝準備	拍攝日	備用日	剪接	剪接	剪接	剪接
4/26	4/27	4/28	4/29	4/30	5/1	5/2
交付 A Copy	A Copy 修改	A Copy 修改	錄音/混音 A Copy 定剪	特效/尾板	交付 B Copy	B Copy 修改
5/3	5/4	5/5	5/6			
B Copy 修改	影片調色 B Copy 確認	交片	尾款/結案			

表頭標題：110 年 教育部育兒津貼廣告 製作進度表

從這個案子的期程表上，可以明顯看見影片製作三個不同時期的
標色：

前期：3/30~4/16。期間除了幕後的籌備之外，邀客戶與會的正式會議包括 1 次的腳本會議（4/12），還有 2 次的前製會議（4/14 & 4/16）。

拍攝期：4/17~4/21。期間包括密集拍攝準備期，讓演員試裝並確定髮妝造型的定妝日（4/19）以及實際拍攝日（4/20 為主，4/21 為備用日）。

後期：4/22~5/5。期間除了後期人員緊鑼密鼓的剪接、特效、調色、配音、配樂等工作之外，與客戶（監督者）有關的期程包括在 4/27 須完成「粗剪」（又稱 A Copy），確認拍攝素材剪接順序確定不再改動後（又稱定剪）會進到精修的階段，在 5/2 完成「精剪」（又稱 B Copy），若一切順利，最後於 5/5 完成「交片」的動作，全案結案。

在初步了解一支影片的期程規劃後，我會在下面三個單元更深入說明前期、拍攝期和後期的詳細流程，以及身為監督者的你應該要注意的細節和該擔任的角色。

小演練

請利用上面提到影響拍攝天 / 班數的因素，試著判斷《松蔦青語 第一話》這支影片的創意，可能總共需要拍攝幾天 / 班呢？請先看下一頁的分鏡腳本，然後估算拍攝天數。

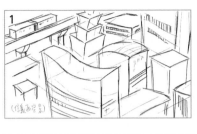

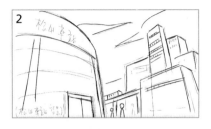

【答案】

1. 01、02 屬於外景，會安排集中在某個時段拍掉，通常會選擇早晨或傍晚光線好的時候

2. 03~05 & 12~17 場景 A（書店場景），畫面數量 9，需美術陳設，預計拍攝 4 小時。

3. 06~07 場景 B（某路邊場景），畫面數量 2，預計拍攝 2 小時（含準備時間）。

4. 08~09 場景 C（客運場景），畫面數量 2，車拍準備工作較多，預計拍攝 2 小時（含準備）。

5. 10~11 場景 D（城市租屋處），畫面數量 2，需美術陳設，會多拍畫面備用，預計拍攝 3 小時（含準備）。

6. 18 場景 E（客戶樣板屋），畫面數量 1，需美術陳設，會多拍畫面備用，預計拍攝 2 小時（含準備）。

以每天工作 8 小時／一班為基本規範，從以上分析看，合理拍攝時間為 2~3 天／班。

> NOTE　請參考完成作品影片：影片參考清單「3-2-1 松鳥青語廣告 CF（第一話）」

> NOTE　請參考完成分鏡／作品對照影片：影片參考清單「3-2-2 松蔦青語（第一話）動態分鏡對照」廣告 CF（第一話）」

> NOTE　本書所有參考影片，請開啟此短網址，在清單中開啟播放：https://bit.ly/2022cfbook

3-3
在影片前期要注意的問題
與執行步驟？

前期的主要工作包括「文字腳本」以及「分鏡腳本」的完成，還有一些必須提前確認的拍攝細節，如拍攝場地、道具、演員、造型（髮型＆服裝）等項目，甚至也可以預先討論配樂方向、配音員、特效或特效字風格等與後期有關的項目，方便團隊提早做準備。

前期是流程中最重要的部分，影片是否能成功發揮效果，最重要的關鍵就是在前期的溝通與討論，讓雙方都對最終成品盡可能產生一致的「期望值」。

所以在前期階段，
身為監督者的你，最重要的兩個工作就是
「溝通」與「確認」。

但很多客戶往往因為不知道如何有效的溝通與確認，不僅常常被影片最終成品驚嚇到，還因為與製作團隊合作過程顛簸曲折，被貼

上「爛客戶」的標籤，可說賠了夫人又折兵。那麼在前期最常遇到哪些問題，又該如何扮演好監督者的角色呢？

「文字腳本」製作階段常見的問題

所謂「文字腳本」顧名思義就是把創意用文字寫下來，作為後續視覺化的基礎，通常是由策劃人員或創意執行人員來撰寫，但也有可能是導演親自撰寫。我常聽到客戶跟團隊在這個階段就不斷「卡關」，主要都還是因為雙方對於 Part 1 講到的內容不夠熟悉所致，其實完全可以避免的。下面我就來討論一些在這個階段裡常遇到的問題以及建議解法。

》 創意／腳本方向常常跑偏

「這跟我想像的／想要的不一樣！」這句是前期階段我最常聽到的客戶抱怨的事了，遇到這樣的狀況其實客戶跟團隊雙方都一樣頭痛。但如果你有認真看前面 Part 1 跟 Part 2 的內容，就會知道要避免這樣的狀況真的不難，只要一步步分析，就能穩穩地設計出「有效」的影片。

其實影片策劃者不一定真的要自己想出創意、寫出腳本，但至少要有能力去做好產出創意前的所有前置工作（詳見 Part 1 內容），甚至在不斷練習後有能力做出「好點子」的洞見（詳見 Part 2 內容）。這些我都歸類在身為影片策劃者的你應該有的「專業」，不能也不應該全部歸為製作團隊的責任，何況當今有許多製作團隊並不一定有影片策劃與創意轉化的完整能力，因此在前期階段溝通創意跟腳本時，你應該站在專業

者的角度來跟團隊溝通，讓團隊的人清楚這支影片的目的、受眾與預期能造成的效果，若團隊想出的創意跟你立下來的根基有所違背，那你就必須回頭檢視是否在溝通時資訊有漏或是產生了誤解。

》 給了參考影片但一直抓錯重點

另一個要趁機複習的，是用參考影片來與團隊溝通時的正確使用方式（詳情可回去看 Part 1），千萬不要只是把參考影片丟給團隊看，一定要加上詳細的註解，講出自己覺得這部影片裡的哪個部分或元素（情節、節奏、光影調性、演員表演、特效等）引起你的注意，而這個元素為何適合用在這次的創意裡。

如果你沒想清楚講明白，那很可能團隊就會誤以為你「想要拍跟這支很像」的成品，然後就開始像無頭蒼蠅一樣揣測跟模仿，消磨彼此寶貴的時間。

較好的溝通方式如下：我很喜歡這支運動廣告穿插運動員在比賽跟在生活兩種不同場景的表現方式，感覺讓畫面中的運動員有種跟我們一樣也是普通人的親民感，這也是我們品牌想要表現的理念，運動應該是全民的，是貼近生活的，但不代表你用的運動用品就不專業。

另一個例子：我覺得像這支參考影片裡的快節奏畫面切換搭配文字特效會很適合我們，主要因為我們的受眾是 20 ～ 25 的族群，他們很容易被這樣的「很潮」的特效吸引，這種方式本身也不違背我們的品牌。

» 文字腳本格式千奇百怪

文字腳本的格式我也趁機講一講，其實老實說從業這麼多年以來，我可以很肯定地說，廣告行銷影片真的沒有什麼固定的腳本格式，只要能清楚傳達、幫助閱讀者想像出影片的成品樣貌就可以。

> **不過確實有常用的「呈現方式」或「撰寫形式」可以做為寫腳本時的參考，大致上分成兩種寫法：「聲部 / 影部」和「段落 / 內容」。**

把文字在腳本上歸到「聲部 / 影部」兩個不同欄位的做法，在以前比較常見。「聲部」一欄會寫上旁白、採訪者聲音或音樂音效的標注，而「影部」一欄則會寫上一切在畫面上出現的東西，包括劇情描述、角色動作、畫面內容、說明文字呈現方式等等。

我自己則比較偏好「段落 / 內容」這樣的呈現方式（可參考單元2-7 延伸討論），主要就是把影片依需求分為幾個段落，然後直接描述該段落的內容會是什麼，其中就包括聲音、影像、特效、音樂等，如果有劇情，就會把角色動作跟對白一起寫上。當然如果需要，也可以把音樂、特效文字等另做一欄，像我就還會再加上「秒數」的欄位作為把空影片長度與節奏的參考。

聲部	影部	參考畫面
秘密饕客旁白：或許你吃過很多家燒肉店，但你真的懂吃燒肉嗎？	秘密饕客來到店裡，看到桌上的食材、店裡擺設、店員在幫忙烤肉、歡笑輕鬆的人們（串剪）。	可從網路上找適合的圖片放上，或到現場拍攝參考照片。
秘密饕客旁白：一般人都把重點放在昂貴稀有的食材，但卻忽略了熟悉食材與最適合烹飪方式的代烤師傅，才是燒肉能挑動味蕾的關鍵。	（快速串剪讓人垂涎欲滴的好食材 - 品項待客戶確認）	（同上）
（此段無旁白）店長代烤時的講解自由發揮。	店長一邊幫饕客代烤一邊耐心地講解如何讓某個食材味道最好的關鍵，秘密饕客對於店長的豐富燒肉知識感到佩服，在內心悄悄地幫「美食家等級的代烤師傅」這個選項打了個五星評比（畫面上用簡約動畫呈現）。	（同上）
秘密饕客旁白：一般吃貨通常都只會把焦點放在店員的專業能力，卻往往忽略了真正好的美食體驗，是來自親切而且客製化的貼心服務。	饕客看往身後的桌子，有店員把一個蛋糕送往情侶桌並點起蠟燭，另一店員與一桌三五好友開心打成了一片。	（同上）
（此段無旁白）被服務完後，秘密饕客說了聲「謝謝」。	店長發現饕客拿出手機想要拍攝剛端上來的一份日本和牛的食材，但光線好像不是特別好，因此主動幫忙調整了頂頭上的美術燈，饕客發現畫面中的光線突然變好，才發現原來是店長的貼心動作，連忙道謝，並在內心悄悄地幫「店員客製化的觀察與服務」這個選項打了個五星評比（在畫面上用簡約動畫呈現）。	（同上）

秘密饕客旁白：有經驗的饕客都會告訴你，魔鬼藏在細節裡，但這不僅僅是指店員戴不戴手套、是否勤換烤網，而是因為真正在乎消費者體驗而做的設計。	饕客起身前往洗手間，在過去的路上轉頭看往吧台內，店員注重衛生的舉動，在吧檯前幫客人換烤網的小細節。	（同上）
（此段無旁白）	饕客來到洗手間，發現洗手間裡去味噴霧、隱形眼鏡盒、食鹽水，甚至卸妝油等小東西一應俱全，在內心悄悄地幫「注重消費者體驗」這個選項打了個五星評比（在畫面上用簡約動畫呈現）。	（同上）
秘密饕客旁白：對我來說，食材與裝潢只是最基本，重點還是在吃的人的感受，因為能與好友家人一起分享，享受完美的一頓飯，這才真正無價。你說是吧？	秘密饕客的女性好友來到店裡，兩人與店長相談甚歡，店裡其他組客人也都沈浸在開心的氣氛中。結尾美食與服務快速串剪，並上片尾Logo。	（同上）

段落	秒數	內容	其他
開場	12s	秘密饕客來到店裡，感受進到店裡的第一印象。快速串剪許多店內的特寫（畫面：桌上的食材、店裡擺設、店員在幫忙烤肉、歡笑輕鬆的人們...）秘密饕客首先透過旁白質問觀眾：或許你吃過很多家燒肉店，但你真的懂吃燒肉嗎？	* 氛圍 * 特效
食材 / 饕客說明	15s	秘密饕客接著娓娓道來，彷彿要教育觀看影片的觀眾一般：一般人都把重點放在昂貴稀有的食材，但卻忽略了熟悉食材與最適合烹飪方式的代烤師傅，才是燒肉能挑動味雷的關鍵。（畫面：快速串剪讓人垂涎欲滴的好食材）	

食材 / 現場情境	15s	接著帶出現場聲音，店長（或可選擇其他適合的員工）一邊幫饕客代烤一邊耐心地講解如何讓某個食材味道最好的關鍵（例如厚切牛舌，也可以選擇其他有代表性的食材），秘密饕客對於店長的豐富燒肉知識感到佩服，在內心悄悄地幫「美食家等級的代烤師傅」這個選項打了個五星評比。（在畫面上用簡約動畫呈現）
服務 / 饕客說明	15s	秘密饕客接著跟觀眾說：一般吃貨通常都只會把焦點放在店員的專業能力，卻往往忽略了真正好的美食體驗，是來自親切而且客製化的貼心服務。（畫面：饕客看往身後的桌子，有店員把一個蛋糕送往情侶桌並點起蠟燭，另一店員與一桌三五好友開心打成了一片）
服務 / 現場情境	15s	店長發現饕客拿出手機想要拍攝剛端上來的一份日本和牛的食材，但光線好像不是特別好，因此主動幫忙調整了頂頭上的美術燈，饕客發現畫面中的光線突然變好，才發現原來是店長的貼心動作，連忙道謝，並在內心悄悄地幫「店員客製化的觀察與服務」這個選項打了個五星評比。（在畫面上用簡約動畫呈現）。
店內細節 / 饕客說明	15s	秘密饕客接著跟觀眾說：有經驗的饕客都會告訴你，魔鬼藏在細節裡，但這不僅僅是指店員戴不戴手套、是否勤換烤網，而是因為真正在乎消費者體驗而做的設計。（畫面：饕客起身前往洗手間，在過去的路上轉頭看往吧台內，店員注重衛生的舉動，在吧檯前幫客人換烤網的小細節）
店內細節 / 現場情境	15s	饕客來到洗手間裡，發現洗手間裡去味噴霧、隱形眼鏡盒、食鹽水，甚至卸妝油等小東西一應俱全，在內心悄悄地幫「注重消費者體驗」這個選項打了個五星評比。（在畫面上用簡約動畫呈現）。

| 結尾 | 18s | 秘密饕客回到吧台的位置上，用旁白跟觀眾講出了結語：對我來說，食材與裝潢只是最基本，重點還是在吃的人的感受，因為能與好友家人一起分享，享受完美的一頓飯，這才真正無價。你說是吧？（畫面：秘密饕客的女性好友來到店裡，兩人與店長相談甚歡，店裡其他組客人也都沈浸在開心的氣氛中。結尾美食與服務快速串剪，並上片尾Logo） | |

「分鏡腳本」製作階段常見的問題

「分鏡腳本」又稱「分鏡表」，其實就是根據文字腳本想像出來的畫面依序畫出來，變成一張張的「分鏡」圖片，呈現出創意視覺化後的大概樣貌，進一步幫助客戶或團隊成員想像影片成品會是什麼樣子的工具，通常都會是由這支影片的導演來操刀。那在分鏡腳本階段裡，又容易遇到什麼樣的問題呢？

» 不知如何審視分鏡數量多少才「合理」

當然你也可以完全信任團隊，導演覺得該拍幾個畫面就拍幾個畫面，不過畢竟畫面多寡直接影響到的是拍攝時間（請見單元 3-2 說明），拍攝越久花費肯定也會越高（後面 Part 4 會做更詳細的解釋），更何況從分鏡的數量還能再次檢視團隊想像中的影片是否跟先前的討論一致，因此能看出分鏡數量是否「太多」或「太少」對監督者來說是個很有用的技能。

要判斷分鏡數量有沒有問題，首先你可以從影片的「節奏」著手。

我們都看過節奏快或慢的影片，例如像很多很「潮」的社群影片畫面切換的速度就很快，可能每 1~2 秒都會切換一次畫面，而一般帶有劇情的廣告微電影則畫面切換速度較慢，可能 3~5 秒才切換一次。

NOTE　快節奏：影片參考清單「3-3-1 The Couch Console – Modular Couch Organizer」

NOTE　慢節奏：影片參考清單「3-3-2《老梁的選擇》揭陽市立醫院癌症治療公益短片」

因此如果你看到團隊製作出來的 30 秒廣告分鏡數量有 20~30 個，那節奏肯定是快的，這時候就可以拿出之前的討論資料來比對，看看跟先前討論的方向是否有出入，也可以順便檢視這麼快的畫面會不會讓受眾 miss 掉一些資訊或文字。

再舉個例，如果 3 分鐘的微電影，但分鏡腳本上的分鏡只有 20 個，換算下來等於每個畫面會出現 8~10 秒，這樣節奏恐怕有點太慢，這時候就必須提出來跟團隊確認，看看團隊在執行創意時是否對於影片調性有所誤解。

» 難以用分鏡腳本想像出成品樣貌

很多客戶都跟我反應過這個問題，畢竟對於影像工作者來說，看著「分鏡腳本」或「分鏡表」就能把它視覺化，但對於先前沒有接受過影像訓練的你，即便是搭配著參考影片看，仍不見得能順利地想樣出影片的樣貌，這時候該怎麼辦？難道就不懂裝懂嗎？

其實如果案子的時間跟預算較為充裕，可以請製作團隊把分鏡表

做成一個「動態分鏡表（Motion Board）」，甚至搭配個參考配樂。動態分鏡表其實就是用分鏡做出來的預覽影片，能幫助客戶與團隊的其他成員想像影片的最終樣貌，尤其在要給長官確認時更好用，也能有效地減少影片委製時的「風險」。以前很多廣告公司在跟客戶討論創意時，也常這麼做。

NOTE　影片參考清單「3-3-3 松蔦青語｜第一話（分鏡腳本 / 動態）」

不過並不是所有的影片類型都有辦法先做出「動態分鏡表」，一般畫面很確定的短秒數廣告、廣告微電影、品牌形象片等類型比較能夠做，但拍攝現場不確定性較高的微紀錄片、實境影片就不太可能提前做，或是提前做的用意不大。

另外，成品調性固定且容易想像的影片像是簡單的說明影片、見證影片或一些自媒體的採訪跟開箱影片，這種不但可能不需要做動態分鏡表，甚是連分鏡表都不見得需要，因為用文字腳本搭配參考影片就能很容易想像影片成品的樣貌。

前製會議（PPM）的功能與重要性

在前一段落的案例中有提到團隊在開拍前，一般都會規劃兩次跟客戶一起開的「前製會議（Pre-production Meeting）」，簡稱「PPM」，這其實是沿用廣告公司跟客戶的開會習慣。

現今有些製作團隊不一定會安排這樣的會議，或更傾向於拍攝前

做線上資料的確認即可，但我個人覺得它還是有一定的必要性，我自己的案子也都會堅持拍攝前一定要跟客戶開 PPM。

» 為什麼我覺得 PPM 很重要

PPM 可以把客戶（含平常很難找到人的長官們）與製作團隊所有重點人物集合起來一起討論，提升溝通跟確認的效率，避免零散溝通容易造成遺漏，順便讓長官當場做出些決策，讓身為影片策劃者的你減少擔任訊息傳遞中間人而產生的問題。

> 對我來說 PPM 有個更重要的功能，
> 那就是它能增進客戶與團隊之間的凝聚力，
> 增強合作的氛圍，
> 這對我而言是影片之所以能成功的
> 最大關鍵之一。

因此如果時程允許，至少應該安排兩次 PPM 會議，並在兩次之間預留足夠的反應時間，以防一些不可控（例如與團隊的溝通問題或長官意見突然轉彎）的因素，把製作時程被耽誤的風險盡量降到最低。

另外，如果腳本本身較為複雜，例如影片類型是廣告微電影，也可考慮在兩次 PPM 前多安排一次長官一起參與的「腳本會議」。

》 第一次 PPM 上要做哪些事情

這會是兩邊所有相關人員第一次碰面討論的場合（無論採實體或線上），因此確保雙方在影片方向與調性上的同步性，會是第一次 PPM 的重點。

這次會議的主要討論重點包括：文字腳本、分鏡腳本、動態分鏡（＊可選）、參考影片（須說明每個影片該參考的部分），以及光影氛圍（在單元 2-7 裡有提到，在廣告圈又被稱為 Tone & Manner）。

簡單說，第一次 PPM 要確認的就是
影片長什麼樣子的「大方向」，
能幫助大家想像影片成品的東西。

在上述「大方向」有了共識後，還要接續討論一些「細節」，其中包括：演員選擇、場地選擇、美術置景設計、道具樣式選擇、配樂方向（＊可選）、配音員的選擇（＊可選）、特效或文字風格（＊可選）等，以及最重要的製作期程。

通常製作團隊會多準備一些選項給客戶選，並分析每個選項的優劣，例如某演員可能長相更接近當初想像的角色樣貌，但演戲經驗上可能稍嫌不足，或是某場地格局可能很符合劇情設定，但擺設可能得再多花時間跟費用做調整。

> 分析後團隊都還是會給出「建議」的選項或方案，
> 但仍舊必須由客戶（監督者）來做確認。
> 這就是 PPM 的目的，提升共識並確認事項。

» 第二次 PPM 上要做哪些事情

一般第二次 PPM 距離演員定妝日與拍攝日已經只剩幾天，並沒有太多的時間可以做大更動與調整，因此比起第一次 PPM 來說，第二次 PPM 會更著重在「確認」而非「討論」，過程也更像是團隊在做「報告」而已。

這次要確認的項目基本上就是第一次 PPM 討論的項目，尤其是第一次 PPM 客戶方特別提到要調整或修正的部分。腳本（最好有分鏡腳本）、演員（含造型）、場地（含佈景）、重要道具（尤其客戶方須提供的道具）等應該這時都已經確定，只待客戶方的二次確認，不應該也來不及做太大的變動。

> 第二次 PPM 還有一個小重點，
> 就是告知或再次提醒製作團隊一些站在公司品牌
> （或長官）立場的注意事項。

　　例如因應品牌的調性，希望本片的光影調性是「通透明亮」的，或是提醒團隊要提前設計好最後一顆商品鏡頭的圖文排列方式，因為老闆本身非常在意，或甚至是你知道公司並不允許團隊進入到部分廠區拍攝，可能要提前商量出替代方案等。這些繁瑣卻又攸關能否順利交片的注意事項，很可能是在第一次 PPM 之後（或甚至是這一次）才從長官或其他部門同事那邊冒出來，有賴身為影片策劃負責人的你在接下來的拍攝過程中提點與監督，讓團隊拍攝過程能順利，交片過程也更順利。

小演練

　　從你搜集的參考影片中挑一支影片出來，並嘗試把它用「聲部／影部」或「段落／內容」的形式做逆向工程，寫成一份「文字腳本」。

3-4
在拍攝期要注意的問題與執行步驟？

兩次重要的 PPM 已經順利開完，該確認的事項也都與長官確認完畢，接下來團隊馬上就會進入「戰鬥狀態」，緊鑼密鼓地開始籌備即將到來的拍攝，製片會打電話確認場地並預付訂金，也會跟演員的經紀人確認拍攝檔期及費用（有些出鏡演出的人員可能會由客戶提供），攝影跟美術組也都會開始預定器材、準備道具（有些道具會由客戶提供，特別是拍攝商品）。

這段「拍攝準備期」與接下來實際做拍攝動作的「拍攝日」，合起來就是所謂的「拍攝期」。

> 拍攝期是花費開始狂噴的時候，
> 所以如果這時候客戶想要「突發更動」先前PPM
> 已經確認的事項，不但容易造成拍攝成本的浪費，
> 也會增加沒必要的風險。

尤其是分鏡、演員、場地這些早就在 PPM 時再三確認的事，這些就是我會建議在進入拍攝期後就盡量不要再變動的項目。這時候若想更換拍攝場地，就可能有訂金被沒收的額外成本，也會有可能面臨找不到更適合場地的風險。這時候想更換拍攝時間，很可能就會遇到演員或其他團隊成員檔期撞期，以至於必須重選演員或團隊成員，增加能夠如期完成優質影片的風險。

那這段時間身為監督者的你，除了幫忙跟產品部調用商品（道具）以及跟人資部調用公司人員（演員）之外，還該做些什麼呢？期間可能會遇到哪些問題呢？

「拍攝準備期」仍會有的各種臨時變動

「拍攝準備期」的幾個重要的準備工作，包括由造型組負責的「演員定妝」、導演組協同攝影組與燈光組執行的「技術勘景」，以及美術組負責的「美術置景」等（美術置景的部分，只要在前期有做充分的規劃、有繪製設計圖或概念圖並在 PPM 上做確認，通常發生狀況的機率較低，因此我在下面就不多加著墨）。

這時候身為監督者的你也不該閒著，應該把握時間提醒團隊一些他們可能不熟悉或可能會忽略的事項，像是商品拍攝時的角度問題（通常在拍攝平面照時都有發現比較好看的拍攝角度），或像是片中商品卡的圖文排版方式，以及片尾公司或品牌 logo 的呈現方式等。

如果你在前期的工作執行得當，這時就應該不會爆出勞民傷財還

可能影響拍攝期程的「臨時變動」，但不代表製作團隊不會在執行上述準備工作時遇到需要協同客戶（監督者）做臨時調整的事情，而這並不見得代表製作團隊不夠專業（但如果狀況真的太多確實就是團隊不專業），我下面就來舉些例子。

》演員定妝時的臨時變動

在開拍前，製片人會通知客戶代表「定妝」的時間，通常會選在團隊辦公室的梳化空間或某個造型工作室裡進行，通常只有演員、造型組、製片跟導演幾個人到場，演員會根據 PPM 的討論共識穿上衣服、梳理髮妝，讓導演跟客戶能做確認，如此可節省拍攝當天來回確認的時間，這就是「定妝」的用意。

不過這不代表這個過程就會如想像中順利，團隊也會因為各種原因被迫做些臨時的調整。例如發現女主角的衣服腰身不夠合身，這時得現場試著修改或讓服裝師帶回去處理，或是男主角的髮質不適合做當初設想好的髮型，這就只能當場試試別的髮型讓劇組及客戶代表做確認，或甚至是整個造型搭配起來之後，導演突發奇想覺得再加上個手環或配件會更能襯托出角色的性格。

這些狀況或討論所導致的臨時變動，
雖說通常都不會對拍攝期程產生直接的影響，
但最終也還是需要客戶方的同意。

» 技術勘景時的臨時變動

「技術勘景」的意思是讓團隊的主創人員（尤其是導演、攝影、燈光、美術）前往當天要拍攝的拍攝場地，確認分鏡是否能如分鏡腳本中規劃執行，以及燈光設備需求、美術置景再確認（美術組會在拍攝前 1~2 天來佈置場景）。

> 「技術勘景」很多時候客戶都不會跟，
> 但因為勘景後通常多少會有變動，特別是在
> 「分鏡腳本」上的變動，如果有比較大的改動
> 都還是會記錄下來回報給客戶（監督者）。

例如原本想像好的拍攝角度根本沒有位置擺放攝影機，這時肯定得調整該分鏡，或至少得調整拍攝的景別，或是原本希望能「雙機拍攝」（同時有兩台攝影機一起拍不同畫面，增加拍攝效率），但可能現場空間限制太大，另一台攝影機或燈光設備容易穿幫，這時候可能得調整拍攝進度，或若不想增加拍攝時間只能酌量減少分鏡數。

上面說的這些變動都很有可能在「技術勘景」時發生，身為監督者只要確認在團隊做出相應調整後，並不會影響到影片呈現出來的樣貌跟效果即可。

⟳ 拍攝日現場導覽：劇組成員、拍攝流程及常見問題

　　各個環節準備完成後，就終於來到了令人興奮的拍攝日了！在拍攝日前，製片人也會通知客戶拍攝日的「通告時間」，通常我們都會讓客戶稍微晚一點到，畢竟在實際「開機」前各組都還有很多要忙的事。現場準備與拍攝流程相對複雜，面對不斷運轉著的劇組，常常看得客戶眼花撩亂，但其實監督者在現場是有非常重要的工作的，畢竟身為出資方的代表，監督者對最終畫面是有話語權的。

> 況且拍攝結束後很多「畫面」
> 就無法再修改，萬一有疏漏（尤其是客戶方
> 必須協助確認的細節）
> 還得花冤枉錢重新拍攝，不可不慎。

　　不過在進入拍攝現場的流程與細項之前，我先來介紹一下劇組裡各組的工作內容，再來說說客戶在不同環節中常會遇到的問題以及建議的處理方法。

》製片組

　　在整個影片製作的過程裡，跟你（客戶／監督者／影片策劃者）

最常有直接交流的基本上就是製片組的人，在拍攝現場看到跑來跑去買咖啡、買飯跟整理垃圾的也都是製片組的人。

製片組的工作就像是公司的行政單位，確保各組運作順利，協助團隊在拍攝過程中應付各種大大小小的問題，當然他們的職責之一就是把身為客戶代表的你照顧好。

製片組的領頭人是「製片」，職位差不多等同行政總監，拍攝當天所有的花出去的錢都會經過他的手。你一到現場，通常製片組就會幫你安排休息區域，並禮貌性地端上茶水或咖啡。若有需要你代表客戶再次確認的事項，製片也會引導你前往現場協助。

» 梳化組＋服裝組（統稱造型組）

在實際開拍前，演員應該都是在專屬的「梳化間」裡，由專業的人員協助化妝與著裝，這個過程少則半個小時（演員少且妝容簡單），長則兩到三個小時（演員多或需梳化人數眾多）。在這期間裡，製片（或副導演）會不斷進出梳化間確認演員造型完成的進度，以便隨時回報給導演組與其他劇組成員。

身為監督者，如果想要跟演員和造型組的人打招呼，建議可以在他們梳化接近完成後，連同製片或導演一起前往梳化間，以免影響到當天規劃嚴謹的工作進度。

» 美術組＋後期視覺特效師

在演員做梳化的同時，美術組正在片場（拍攝場地劇組統稱片場）的主要拍攝區域做場景佈置，這包括擺放傢俱、景片（假的牆壁）、

道具等，跟其他組一樣，他們都是按照之前 PPM 討論並確認的內容來佈置，頂多會多帶幾個備用的小道具來應對現場導演跟攝影的臨時需要，如果置景工作量較大，他們也可能提前 1~2 天到場佈置。

若場景裡有需要「後期特效合成」的區域，例如電視跟電腦螢幕、窗外景象，或直接取代大面積的背景（好萊塢電影常這樣拍攝，前景跟中景為實景，背景後期再合成上去），那你還會看到一名來自後期團隊的視覺特效師在現場監督並指導藍或綠幕（Blue/Green Screen）還有追點（Tracking Points）的放置，確保後期合成不會有問題。

》 攝影組＋燈光組

在美術組工作的同時，攝影跟燈光組也不會閒著，因為大家都知道等一下會先拍分鏡腳本上的哪幾個分鏡（通常不會按照順序拍，而是按造攝影機或燈光移動最少次數的方式來），所以已經可以開始同步準備拍攝那些畫面所需的器材。

「攝影師」會指揮攝影組在要拍的第一顆鏡頭的位置擺放好腳架，並根據鏡頭運動的需求，開始組裝搖臂、滑軌或穩定器等設備，如果第一個拍攝的畫面是空拍畫面，那空拍師就會開始準備空拍機並進行測風與演練。

一旦攝影師給出了第一顆鏡頭的拍攝角度跟景別大小，「燈光師」就會開始指揮燈光組架設要拍攝這個畫面所需的燈以及燈光輔助設備，這時候也會有助理開始被拉到鏡頭前站在演員演出的位置當「光替」，方便攝影組跟燈光組做設備上的調整。一切都必須要快速、

準確且有紀律，因為任何一組如果在工作上進度落後，都會造成整個劇組拍攝進度的延誤。

» 收音組

在一旁通常還會有個經常被忽略的組別，那就是手上拿著「蹦竿」（翻譯自英文的 Boom，收音桿的意思）、腰上掛著混音器的收音師（又俗稱「蹦桑」），若現場混音工作較為複雜，例如同時需要收錄好幾個人的聲音，那收音師還會搭配個專門操作蹦竿的助理。

收音的工作極其重要，因為後期往往需要仰賴在現場收到的聲音做為混音素材，如果現場沒有收到夠乾淨，或至少能用來重建聲音的參考素材，要從零開始重建影片的聲音，將會是一件耗時耗力的工作。

在收音工作相對簡單的案子裡，例如採訪影片或微紀錄片，通常會由攝影組用簡易收音器材來收音，因此有些劇組有可能沒有收音組的編制。

» 現場特效組

有別於完全可以在後期裡處理的特效，有一些腳本裡的描述會需要所謂的「現場特效」，例如：煙霧、爆炸、特技駕駛或吊鋼絲（又稱威亞，英文 Wire 的直接音譯）等，這都屬於現場特效組的工作範疇，同時他們也必須要確保在執行這些現場特效時演員與工作人員的人身安全。

若你身處的拍攝現場正在準備現場特效的前置工作，那最好是先跟他們保持一段距離以策安全。

» 導演組

再來你可能會見到的人，就會是這支影片的「導演」，還有導演身旁的「副導演」或「導演助理」，若是較小規模的拍攝，常常是由製片同時擔任副導演的職務。

導演的工作除了負責「引導演員表演」之外，同時也負責主導現場關於拍攝創作的一切，副導演則協助導演執行他的創作決策與想法，包括監督回報各組進度與拍攝進度，甚至會協助群眾演員的指導及調度。

在開機拍攝後，你通常會被安排在導演的旁邊，一邊聽著導演喊「Action!（開始！）」跟「Cut!（卡！）」，一邊透過監視器觀看拍攝畫面以及畫面裡的演員表演。

拍攝現場常見問題，和建議處理方式

每當導演組完成一組畫面（一組的意思是「一個分鏡」嘗試了很多個 take，又稱次數）的拍攝，製片或副導演會請攝影組 replay（重播）導演最滿意的 1~2 個 take（又稱 OK take）給客戶代表確認，一旦你確認沒問題，才會繼續往下拍攝。

如果是沒有分鏡表（例如像是微紀錄片或實境影片）的拍攝，則有可能會在劇組中午休息的時間觀看重播，或甚至直接由導演做畫面確認。

無論是哪一個狀況，除了在現場看著「分鏡表像魔法般活過來」，千萬也不要忘了做好監督者的角色，審視每一個被拍攝出來的「素材」，確保後期能有好的東西來進行「料理」。

那一般客戶代表在拍攝現場最常遇到的問題有哪些？又該怎麼處理才妥當呢？

» 該站在什麼角度來審視畫面

客戶在現場最常碰到的問題，就是當導演或製片問：「這個畫面OK 嗎？」的時候，不知道該如何檢查，畢竟自己也非「影視專業」，也不是很懂什麼構圖、運鏡，最後只能傻傻地回答 OK。

其實從客戶的立場來說，可以從兩個角度：「客戶」與「受眾」的角度來審視畫面。

從客戶角度來說，像是畫面中的商品是否擺放或使用方式正確，畫面中是否有其他商品的 Logo 穿幫等，或是一些先前提醒但導演拍攝時未注意的細節，都可能是會出現的狀況。

從受眾或觀眾的來說，像是某個畫面的演員表演是否如預期中地好笑、感人或有代入感（受眾角度），或是某個畫面看起來太暗、不舒服。

不論是從「客戶」還是「受眾」的角度來審視畫面，若覺得有疑慮，都應該當下提出來跟團隊做討論。

» 到底是導演還是客戶有「主導權」？

有時候客戶代表（監督者）在拍攝現場會自動擔起「半個導演」的工作，變成幾乎所有決定都要經過現場監督者點頭才可執行，導致導演與客戶方產生一些摩擦。客戶覺得出錢的人當然有最終話語權，而導演卻覺得客戶不斷地在干擾他的創作過程。那在廣告行銷影片的拍攝現場，到底誰才該有「主導權」呢？

> 我這邊先定義一下「主導權」這件事，
> 「主導權」是指調度各組來完成畫面拍攝的
> 這個權力，跟上面提到的
> 「完成畫面後給客戶確認」是不一樣的。

有些客戶會混淆這兩者，在拍攝進行的過程中就不斷地參雜自己的意見，甚至指揮起現場的其他人來，但這其實並不是很好的狀況。有經驗的導演對手上要拍的影片通常都有完整的想法，所以除非是

跟拍攝前你再三提醒團隊的注意事項有關，不然現場應由影片的導演掌握「主導權」，以免造成最後的拍攝素材失去完整性與一體性。

若真的在拍攝時要給予拍攝團隊建議，我會建議用「提醒」的方式取代侵入式的「指導」，假若怕打擾導演，影響其思路，也可以請製片或副導演代為轉達。

把關品質、降低風險，在拍攝前做最大程度的準備，在拍攝時做最小程度的介入，這就是監督者的最高指導原則。

小提醒

業主若在拍攝期做太多「臨時變動」，必然衍生出額外成本，雖然通常都是由團隊吸收，但團隊只得從其他地方挖東牆補西牆，最後影響到的還是影片的品質。當然你也可以表明願意吸收這些突發更動所產生的額外成本（希望能有更多這種優質客戶），但所造成的時間成本的浪費一樣找不回來。

所以一定要非常重視前製期的 PPM 會議，尤其如果你們本身比較少在做影片，一定要再三跟同事、長官說明前製期裡「腳本會議」、「PPM 會議」以及在會議上所做的決定的重要性。

3-5
在後期階段要注意的問題
與執行步驟？

在拍攝現場聽到劇組齊聲大喊「殺青！」的那一刻，是大多數參與本次拍攝的工作人員的畢業時刻，但對製片、導演以及身為監督者的你來說，真正的工作才要開始：後期製作。

後期是剪接、特效、配樂、音效等將「拍攝素材」當成炒菜食材，準備轟轟烈烈地炒出一盤美味佳餚的過程。如果素材品質良好，後期的工作會省很多力，但如果素材有各種殘缺的狀況，例如畫面上有腳架或水瓶穿幫、現場收音不佳、合成用的綠幕打光不勻之類的問題，那後期工作人員就得花更多的時間與功夫來處理。

你可能會很好奇，後期的專業你一概不懂，那身為監督者，後期這個階段到底該做什麼呢？要做的事可多了！

後期流程第一個階段：粗剪（A Copy）怎麼檢查？

一般來說，在拍攝完成後的一兩週，剪接師就會根據分鏡表先出一個「除了剪接動作之外其他都還沒處理」的版本，這個版本的影

片我們稱為「粗剪」，在廣告業界又被稱為 A Copy。

當然，這個 A Copy 是導演跟製片已經都審核過，才會端到你（客戶、影片監督者）的面前給你看，但若沒有先給你打好預防針，你可能會有點嚇到，畢竟 A Copy 只是素材的剪裁與排列，距離完成的影片尚有落差，因此不能當成是完整影片來審視。

> 這時莫驚慌！在 A Copy 階段，
> 你需要審視的重點只有：畫面選擇及排列順序
> 是否「正確」且「有效果」。

» 要用「新鮮的眼睛」來審視粗剪

對於不習慣看 A Copy 的人來說，往往不知道意見該如何給，畢竟通常 A Copy 跟 PPM 時的分鏡表差異並不大，頂多增加或減少了一些畫面或更換了畫面順序，看完好像也覺得沒什麼問題？這就是看 A Copy 時影片策劃者跟主創人員會遇到的一個大陷阱，因為涉入整個影片策劃的過程太深，你們的雙眼已經不夠客觀了，在審視的時候容易產生盲點。

其中一個常發生的狀況是有些畫面秒數太短，單一畫面資訊太多（文字太多或發生的事情太複雜），以至於觀眾根本來不及吸收進去，這種狀況對於已經相當熟悉每個畫面內容的你，常常難以察覺。這時候該怎麼辦呢？

解決眼睛業障深最簡單的方法，就是可以請身邊「眼睛未被污染過」的同事或親朋好友當那一雙新鮮的眼，讓他們來幫忙看，請他們用自己的話講一講這個廣告行銷影片主要想傳達的訊息，以及是否有情節上讓人困惑的部分。

這邊要特別注意，你只要確認他們是否「看得懂」而不是確認他們「喜不喜歡」，因為他們不見得是影片的「準確受眾」，這點非常重要！

» 如何檢視影片調性？

能看懂後，再來就是審視「影片調性」！A Copy 通常也會搭著參考配樂或是配樂的半成品，方便大家想像成品的整體調性，例如影片屬於輕鬆搞笑，剪接方式與配樂風格搭起來就應該能創造出有喜感的調性，或是影片刻意要做出驚悚恐怖的效果，那剪接方式與配樂風格搭起來就應該要讓人感覺不寒而慄。

因此如果粗剪無法觸發觀看的人相應的目標感受，那代表現在影片的剪接方式可能需要再調整或重新檢視。

» 再次回歸影片效果

最後還是要回歸到當初製作這支影片的目的來檢視,當初這支影片是為了讓受眾認識品牌嗎?參加活動嗎?還是就是要他們買商品?按理說,熟悉 Part 1 和 Part 2 內容後所設計出來的影片創意應該都會「有效果」,問題應該只剩下「效果多強」。

> 這時候多找幾位符合「受眾描述」的
> 觀眾來試看,說說感受
> 或甚至填寫簡單的問卷,都能幫助你
> 回饋給製作團隊一些更具體的調整建議。

» 統合意見來提升後期工作效率

很多客戶因為對於後期的工作流程比較陌生,因此並不知道一個事實:每次送到你面前審核的影片,都要花很多時間在剪接軟體或其他後期軟體裡做調整,甚至如果影片長度較長或後期特效較複雜,每次「檔案輸出」也都相當耗時。

> 因此我都會建議客戶在每次收到一個影片版本，
> 無論是A Copy或是後面會再提到的超級A Copy，
> 盡可能多蒐集齊所有長官同事的意見後，
> 再提供給製作團隊做修改。

一方面是剛剛提到每次修改輸出的時間成本，另一方面是意見蒐集得越完整，在做修改時的整體性也會更高。如果意見零零散散地給，不但本身很浪費團隊的精力，還很可能會遇到意見前後相互牴觸的狀況，讓後期人員不斷做白工，徒增不必要的時間延誤風險。

⚙ 後期流程第二個階段：精剪（B Copy）如何檢查？

A Copy 討論修改完成，代表畫面剪接方式以及影片時長已完全確認、不再改動，這時候就可以正式進入製作精剪，也就是廣告業界稱 B Copy 的階段。

為什麼要強調畫面確認不再改動才能開始製作 B Copy 呢？因為製作 B Copy 是在確認版 A Copy 的基礎上，加上「特效」、「配樂」、「音效」與「畫面調色」的這些後續動作，讓影片更接近「成片」的樣貌，因此如果在這個階段隨便更動 A Copy 的剪接時序，那這些動作多半得再重新處理過，不然很可能會有東西對不上的問題。

那我下面就來細講在邁向 B Copy 之前須完成的這些動作以及該注意的事項。

» 後期特效（Visual Effects / VFX）

在 A Copy 裡，很多時候會看到畫面裡有電子螢幕上貼好的「藍 / 綠色屏幕」或背景裡大片的「藍 / 綠布幕」，這些都會在後期特效的這個步驟裡被填滿，換成電視或平板上正在播放的影片、假窗戶外的藍天，或背景的一座中古世紀城堡，也有可能是角色手上武器噴出了火焰或雷射，或是角色身旁站著的一個需要虛擬建模的機器人，這些都是後期特效的工作範疇。在審視後期特效的時候，通常最需要注意的就是後期特效的「真實性」。

> 簡單說就是後期特效跟實拍畫面融合在一起時，
> 會不會讓人覺得有「違和感」或「假假的」。
> 有時候是表面質感的問題，
> 有時候是動作不符合物理原則。

但我不懂特效製作啊？要怎麼給有建設性的意見？這其實不用擔心，因為演化的關係我們天生就能判斷出眼前畫面「是否真實或可信」，因此只要有「畫面不真實／不協調」的感覺都應該記錄下來回饋給團隊。不過這邊倒是有個但書，如果看起來「不夠真」但畫面卻仍有很好的「整體性」，那觀眾出戲的風險其實並不高。

例如電影《阿凡達》裡的實拍角色為了配合當時的電腦動畫，都用特效做成了介於動畫與真人之間的質感，讓整個影片擁有整體性，那也是 OK 的，很多遊戲廣告也都會這樣處理。

» 配樂和音效（Music Score & Sound Design）

於此同時，後期混音室也沒有閒著，「配樂師」正緊鑼密鼓地根據先前 PPM 討論好的音樂方向製作配樂，有時候是拿一些網站上現成的音樂來改，有時候是得完全重新編曲。在製作完成後，也還得再透過「混音師」的巧手連同音效一起混合成完成的聲音軌，這個工作遠比一般人想像的重要，因為跟特效一樣，必須要做到觀眾覺得「沒有違和感」，人類的耳朵又特別靈敏，只要覺得影片聲音哪裡怪怪的，立刻就會察覺到，大大地影響到影片的觀影體驗。

音效的審視重點比較簡單，基本上跟特效一樣，要能讓人覺得「真實」或至少「不違和」。

至於配樂的部分，因為已經在前期討論過「配樂風格」（如何跟團隊討論配樂，請見單元 3-6 延伸討論），所以在後期要做的是：

> 除了確認配樂風格跟當初討論的一致，
> 並留意配樂音量是否會壓過角色講話音量之外，
> 還有一個更進階的審視角度：音樂是否太滿。

簡單說,音樂的角色是要「烘托情感」或「暗示情感」,例如畫面上兩人不講話,這時候奏起悲傷的配樂,其實就暗示著這兩人對看的眼神充滿著悲傷,或是男女主角終於見面或擁抱接吻的一瞬間,奏起激昂的情歌旋律,就能烘托那一瞬間迸發愛情的感覺,讓觀眾內心噴發出無數粉紅泡泡。但有一種狀況是,兩角色的對白已經是很衝擊或悲傷的台詞,或光靠演員的戲所創造出的哀傷已經很強烈,這時候再配上「悲傷的配樂」就會顯得多此一舉,甚是會讓觀眾覺得觀影受到干擾,這時候寧可降低配樂音量或乾脆讓配樂「留白」。

NOTE　影片參考清單「3-5-1 THE POWER OF MUSIC IN FILM - How music affects film」

NOTE　影片參考清單「3-5-2 松蔦青語 廣告 CF(第二話)」

» 調色(Color Correction / Color Grading)

很多對影片製作不熟悉的客戶,對於「調色」這個動作相當陌生,也不太理解這個步驟的重要性。其實調色就類似你用手機上拍好照片後,用相片工具來調整照片的亮度、對比、色溫、色調等參數,甚至做皮膚美化的動作,只是影片的調色是在處理「動態影像」,因此步驟與程序更加繁雜。

專業調色的費用並不便宜,因此通常是在後期工作大致底定後,才會前往拿給「調色師」做調色的動作,而且通常會邀請客戶代表(監督者)一同前往調色公司,當場看、當場確認,以便節省時間跟經費。

那身為監督者,又該怎麼審視「調色」的結果呢?

畫面的色調跟影片的調性有很大的關係，這部分通常在 PPM 的時候也都已經做了確認，例如含有喜劇劇情的影片，顏色通常較為鮮豔，有一部分當然跟現場美術組的工作有關，但在後期調色時還可以再次加強顏色的飽和度，也可以只加強某些顏色。

NOTE　飽和度高的影片範例：影片參考清單「3-5-3 0-6 歲國家一起養」

　　如果是充滿悠悠地文青氣息的影片，很可能畫面顏色就會刻意降低飽和度。讓畫面看起來有點「灰灰的」，藉此襯托出那種所謂文青的調性，這種調色方式在很多廣告微電影中都能看到。又稱「抽色」效果。

NOTE　抽色影片範例：影片參考清單「3-5-4BenQ 家的投影機 2015
　　　鉅獻 [愛很簡單 從投開始 – 紙婚篇]」

> **審視調色的最高指導原則，**
> **其實跟上面兩項一樣，**
> **最重要的是確保整部影片畫面的「整體性」。**

　　整部片的畫面抽色的程度或鮮豔的程度應該要相似，才不會讓觀眾有觀影時的突兀感，除非是刻意想要營造不同場景的調性差異，例如回憶畫面特別調成灰階或泛黃，才會有同一支影片有不同色調的狀況。

調色完成後，影片的製作也就正式告一段落，待客戶的最終確認，就能完成「交片」的動作了！

小演練

到 Youtube 上搜尋「dramatic music playlist」與「upbeat music playlist」（前面第一個關鍵字可以換成其他形容詞），隨便點開幾首聽聽，眼睛閉上看看是否有心中（腦中）相應的畫面浮現出來，嘗試記錄下該首音樂如何影響你的心情，以及聆聽這首音樂所觸發的創意、想法或畫面。

（更多音樂風格的英文關鍵字，以及如何用這些關鍵字跟團隊、導演溝通影片配樂，請見單元 3-8 延伸討論）

▶ 3-6
延伸討論一：影片策劃者如何給出有建設性的意見？

情境討論

　　前製會議（PPM）正在進行中，製作團隊搬出精心製作的簡報，開始跟我們確認一個個的細節，這時老闆決定要來一招「周遊列國」，要與會的同仁們輪番給出意見，結果反而搞得製作團隊越改越不對勁。怎麼會這樣？

　　這種狀況其實不只會出現在 PPM 上，在後期看影片初剪的時候也很常遇到，老闆或負責影片的同事因為覺得自己的意見可能有些偏頗，因此想要蒐集「大家」的意見。我自己是都勸客戶們不要這麼做！因為這樣除了徒增同事們的困擾外，蒐集到的意見十之八九都「沒什麼建設性」，畢竟不是所有的人都懂行銷或影片策劃，更不用說劇組各組的專業能力。

　　在這種狀況下，蒐集到的意見既不專業又很零散，只會造成製作團隊滿頭問號，如果真的按著調整，那很可能會是個災難。但即便

不是用「周遊列國」的方式來蒐集意見，那身為監督者至少也得給回應吧？到底該怎麼給意見對於製作團隊來說才算是有「建設性」呢？

講出「感受」並嘗試分析「原因」

面對影片拍攝跟製作，肯定有很多不屬於你自身專業的部分，例如：場地選擇、演員選擇、燈光攝影氛圍、道具與場景佈置、後期特效選擇等，但製作團隊還是會把這些「細節」呈現在你的面前讓你做決定，畢竟你是出錢的甲方爸爸，但看著這些資料，如果覺得很好就算了，但面對看起來感覺「怪怪的」的內容，你除了能講出「我感覺不太對」或「我覺得有點不適合」，似乎也不太知道該怎麼「專業」地做出更有建設性的回應，畢竟這些確實不屬於你專業領域的範圍。那這種時候該如何溝通效果才會比較好呢？

> 其實很簡單：講出自己的「感受」，
> 並嘗試分析覺得不合適的「原因」，
> 尤其是站在「品牌」或「受眾」角度的原因，
> 供團隊主創參考。

例如面對腳本情節，你除了可以講出「男主角這樣做有點讓人覺

得討厭」之外，或許可以補充說明「可能因為這樣寫會顯得男主角缺乏對另一半的同理心，男主角是受眾投射的對象，怕會引起受眾的反感」，或「我覺得他身為故事主角，這樣的行為似乎有點太背離我們品牌的精神」，但千萬不要只丟下一句劇情「很奇怪」或「不合理」就沒了。

這邊唯一要注意的是，如果你並不是該影片的 TA，那你的直覺感受很可能並不是那麼有參考價值，這時應該找真正屬於受眾的同事朋友，讓他們分享感受。但切記面對自己不熟悉的領域，最好是單純地說出感受，頂多搭配你站在客戶立場的分析，最好不要給出「具體的調整做法」，否則容易亂了團隊專業夥伴的專業判斷，為了迎合你做出了錯誤的調整。

先聽聽團隊的設計初衷再做討論

有時候身為忙著給意見的客戶方，最容易忘記的一件事情就是聆聽。要記得製作團隊在做每個決定的時候都是有經過思考的，所以如果真的「感覺怪怪的」，最聰明的辦法反而是讓他們描述自己的思路，然後再從中找出是在哪邊開始偏離或有了誤會，以至於做出了某個決定。只要把不同步的想法修正，一般來說團隊很快就能做出「感覺對」的調整。

例如我在幫教育部做育兒津貼廣告時，就曾因為「場地」與「服裝」跟客戶有比較多反覆來回的討論，客戶總覺得好像劇中小家庭

的社經地位太偏向白領階層，但其實受眾按理來說也應該包含藍領，怕無法引起廣大藍領階層的代入感。後來我嘗試從源頭開始解釋我的思路，我其實是希望創造出一點真人秀的那種「節目感」，那是真人秀一種獨特的「稍微經過包裝」的感覺，藉此來誘發受眾對這種創意表現方式的熟悉感，但在初步規劃「場地」跟「服裝」時，因為這個想法而有點做過頭，反而產生了社經地位太高的感受。

後來客戶也明白了我的意思，因此最後也只給出了幾個重點調整意見，我們團隊在調整後也成功達到了雙方都滿意的共識。

▶ 3-7
延伸討論二：A Copy 要做到
多完整才能給老闆看？

情境討論

前製會議（PPM）正在進行中，製作團隊搬出精心製作案子順利進入到後期階段，但在收到粗剪 (A Copy) 後，雖然知道粗剪的重點是放在「畫面順序跟節奏」，但實際打開影片後，發現它真的非常「粗糙」，很多特效跟文字都還沒有放上去，畫面顏色很奇怪，配樂跟配音也都還只是參考，老闆看了更是臉色一沉！這樣恐怕會大大影響到交片的順利程度⋯⋯

在單元 3-5 中有提到 A Copy 的「長相」，沒有真的看過的人可能還真的無法想像它會有多「粗糙」，而看過的人往往也都會眉頭一皺，畢竟少了某些特效，總感覺影片沒做好，少了完整的配樂跟音效，總感覺好像聲音怪怪的，少了調色，人的膚色看起來可能跟殭屍一樣，食物看起來都快要發霉⋯⋯真的，有點可怕。

但最可怕的是，如果讓不是很懂影片策劃的長官或老闆看到了，

那後面肯定沒有好日子過了。這時候能怎麼辦？製作團隊有辦法先做得更完整一點嗎？但會不會到時又做了很多白工，費錢又費時呢？

> ## 超級 A Copy，是遇到這種狀況時風險管控的折衷方案。

莫驚慌！這個問題很多客戶都會遇到，身為製作團隊的我們也早已有方法來應付，解法就是可以在交付粗剪時，交出一種我稱為「超級 A Copy」的版本，這個版本的目的就是為了解決上面提到的兩難困境，不但後期做起來不會過於費時，還能幫助客戶想像出完整影片的樣子。下面我就來講解一些「超級 A Copy」可以用到的招數。

提高開頭 10 秒的完成度

跟受眾在觀影的時候一樣，影片開頭給人的印象，往往會在心中留下比較大的影響。因此其中一種「超級 A Copy」的做法，就是盡可能地把開頭 10 秒做完整，這當然就包含一些特效、音樂音效（只是粗略做混音，並非調音師的專業混音）以及調色（在剪接軟體套用一些預設調色設定，並非讓調色師做專業調色），甚至可以在畫面中拉出一條分出左右邊的線，一邊是把後期效果盡量做完整的，一邊是傳統 A Copy 的「粗糙」長相，幫助客戶方能想像未來 B

Copy 的樣貌，並能心中帶著這樣的想像，看完剩下的粗糙 A Copy 畫面，給出相關調整意見。

✪ 選用短秒數片段先試做特效

有些影片會有比較大量的後期特效，像是背景合成或是創造某種調性的視覺特效。

> NOTE 用視覺特效創造某種調性的例子：影片參考清單「3-7-1 Keep it up, DADA！｜街舞篇」

如果這些效果沒有放上去，除了影片超級「乾」之外，如果只是在畫面一角放上「特效待完成」字樣，恐怕也很難憑空想像。這時候就很適合選擇其中一兩個片段 / 畫面，先把視覺特效做上去，讓客戶方在看 A Copy 的時候，能有個想像的依據，然後可以說明其他還沒完成特效的片段，特效風格或樣子都會類似這兩個片段，正好也趁機再確認一下視覺特效的風格是否如前期溝通那樣。

實際在執行上，我會先給客戶（尤其是客戶的長官）先看做好效果的這幾個畫面，然後再看這幾個片段 / 畫面放在完整「超級 A Copy」中的樣子，減少客戶因為看到太「粗糙」的未完成品時的不適感。

3-8
延伸討論三：
要如何溝通影片配樂？

情境討論

在前期討論音樂時，對於團隊／導演提出的配樂參考，當時聽起來也沒什麼不好，但在後期階段配上畫面之後，突然就覺得好像「跟想像不太一樣」或「似乎少了點什麼」，這時候該怎麼重新溝通配樂方向？有什麼方法能避免溝通配樂時的落差呢？

在我的經驗裡，後期階段的溝通最讓客戶跟團隊頭痛的，應該就是「配樂」的溝通與來回調整了，畢竟配樂真的是一門感覺超級遙遠的專業，更別說想要用「音樂術語」來溝通這種事。

因此我想特別講一下這塊，順便給身為監督者的你一些溝通配樂上的建議。

◑ 配樂溝通技巧：用詞越模糊、溝通越清楚

　　有效溝通配樂的方式，其實跟前面提過的「溝通非自身專業」的原則類似，可以從配樂給你的「感受」當作起始點，描述你覺得這段配樂少了什麼樣的感受，或創造了額外的不需要的感受。

　　例如你可能可以說：這段廚師在做菜的劇情，現在的配樂有點太「輕鬆幽默」，可能需要再創造更「沈穩專業」的感覺。或是：開場的大山空拍畫面，現在的配樂稍微有點「憂傷」，我原本想要的感覺是讓觀眾覺得這座山有一種「空靈」的感覺，或是有點「神秘感」。

> 用「感受」溝通的好處，跟在溝通創意時一樣，
> 可以避免創作者在接收客戶意見時，因為聽到
> 「不專業卻硬要裝專業」的用詞產生紊亂跟誤解，
> 也能讓創作者保留適度的創作空間。

　　你可能又會問：那我該用哪些「感受詞彙」來溝通呢？這其實有一個很簡單的方法自學，當今有很多罐頭配樂（現成的配樂素材）網站，例如 Youtube 免費音樂素材庫 Youtube Audio Library，或是音樂製作人個人網站（incomptech.com ╱ audionautix.com），都有用 Mood（音樂調性）或 Feel（聆聽感受）的選項，欄位裡看到的像是

形容詞 Romantic（愛情的）、Dark（黑暗的）或 Mystical（神秘的）
就是你可以用來溝通配樂的形容詞參考。

　　建議大家平時可以多上音樂網站練習用關鍵字搜尋音樂，增加與
導演或配樂師溝通配樂時的共同語言！

聆聽感受／音樂調性（Feel/Mood）中英翻譯參考

Feel / Mood	感受 / 調性	Feel / Mood	感受 / 調性
Action	動作片感覺的	Humorous	有喜劇感的
Aggressive	激進 / 主動的	Inspirational	有啟發性的
Bouncy	開心雀躍的	Intense	讓人緊張的
Bright	光明有希望的	Melancholy	憂鬱的
Calm	寧靜安詳的	Mysterious	神秘的
Calming	能穩定情緒的	Mystical	具奇幻色彩的
Dark	黑暗陰沈的	Ominous	不祥的
Dramatic	有戲劇張力的	Relaxing	讓人放鬆的
Eerie	詭譎的	Romantic	感覺浪漫的

Energy	充滿能量的	Sad	悲傷的
Epic	史詩磅礴的	Somber	讓人感傷的
Funky	奔放舞曲調性的	Suspenseful	有懸疑感的
Goofy	搞笑的	Unnerving	驚悚恐怖的
Grooving	悠活律動的	Uplifting	正向激勵的

3-9

職能訓練：影片委製合約書範例與注意事項

委託製作團隊拍片要不要簽合約？當然要！雖然說「契約法」裡並沒有規定要有所謂制式合約書才能成立契約（只要雙方講清楚且能提出證明即可），但有了合約書不但讓提出證明更容易，還能趁機把很多合作細節寫清楚，避免因為說詞模糊導致合作上的問題。

標準的「影片委製合約書」長什麼樣子？要特別留意的條款有哪些？要注意什麼事情？我下面就用我自己平時在用的合約書來做講解，讓各位讀者未來在撰寫你們自己的合約書，或是在審視製作團隊所提供的合約書時，至少有個參考跟依據。

＿＿＿＿＿＿ 影片委製合約書

立合約書人：＿＿＿＿（以下簡稱甲方）與＿＿＿＿（以下簡稱乙方），就『OOO影片』委託製作案，雙方同意簽訂立本合約，其條款如后：

說明：通常習慣讓委託方為「甲方」、製作方為「乙方」，但並沒有規定一定如此。

---

1. 內容

乙方應為甲方製作『OOO 影片』，其內容如下：(填入 檔案規格 / 長度 / 版本數 等資訊)

例如：影片時長 -3 分 30 秒 / 版本 - 中英文各一版, 共兩版 (英文版僅需出英文字幕) / 交付規格 -HD 檔案, 1920*1080 / 交付格式 -MOV, MP4 各一, 共四個檔案

2. 工期

乙方應於_____ 年 ____ 月____日前完成，並交付第一條所指各項物品。

3. 價款

本合約總價為新台幣____佰____拾____萬____仟____佰____拾____元整 (含稅)

3.1 付款方式

3.1.1 雙方簽訂合約時，甲方應給付乙方總價百分之五十，計 _____ 元整 (含稅)。

3.1.2 影片製作完成，並經驗收交片後，甲方應給付乙方總價百分之五十，計 _____ 元整 (含稅)。

3.1.3 本合約應付價款，甲方於收到乙方之發票及相關指定請款單據並完成核款作業程序後，以現金匯款或即期支票支付。

說明：給款不一定是「頭/尾款各半」，也可以根據製作流程中的其他節點，做出像是「30%/40%/20%」的頭、中、尾款的給付方式，並載明製作方交付什麼東西後給款，這些只要雙方商議後有共識即可。

3.2 智慧財產權之歸屬

3.2.1 影片於乙方製作完成，並經甲方驗收完成且交付予甲方後，其著作財產權屬於甲方所有。

3.2.2 乙方保證影片之內容 無侵害他人權益之事宜發生。如有發生第三人對影片內容等之智慧財產權提出爭議或訴訟等糾紛時，乙方除必須支付相當製作費的違約金外，且對造成甲方之損失，則乙方應另再負損害賠償責任，乙方並應即時採取必要措施，為甲方取得使用權並負責排除糾紛。

說明：如果製作團隊未來會把該作品拿來當「作品集」，建議在這裡先做約定。

4. 保密協定

本合約製作之影片公開播放前後，甲、乙雙方互負保密務，乙方知悉甲方之業務及技術機密，不得以任何方式洩漏予任何第三人，保密義務永久有效，違者應賠償未違約方以合約總價款計算之懲罰性違約金，且對造成甲方之損失，則乙方應另再負損害賠償責任。

說明：除非特殊狀況，一般賠償金不會設定超過該合約之總價款。

5. 瑕疵補救與費用之追加

5.1 乙方應依雙方同意之腳本製作，如有瑕疵甲方可請求重新製作，該重新製作之費用由乙方負擔。

5.2 於製作期間，如因甲方提出較大幅度修改或重新製作，致費用增加時，雙方得協議追加費用及更改交片日期。

說明：可以將製作期程表、估價單當作合約增補文件，並在合約中載明附註。

6. 給付遲延

6.1 乙方應依雙方約定之時程(同第二條)完成工作，如有逾期，每逾1日應給付甲方以合約總價款千分之一計算之懲罰性違約金，逾期超過三個月，甲方可以解約，乙方除需歸還甲方已付款項外，並須給付相當製作費之違約金，但非可歸責於乙方之事由，不在此限。

6.2 前項違約金以合約總價款百分之二十為上限。

6.3 若有可歸責於甲方之事由致使影片製作或交片延後，經乙方書面催告甲方後逾30日仍未改善者，則乙方得逕行解約，乙方已收取之費用作為違約金無須歸還甲方。

說明：延遲之罰款細則，只要雙方合議確認即可，上面的數字僅作為參考。

7. 終止合約（＊或解除合約）

7.1 任何一方違反本合約之約定或不履行本合約之義務者，

未違約方得限期請求改善，如違約方未予改善者，未
違約方得終止 (* 或解除) 本合約。

7.2 合約之終止 (* 或解除) 不影響損害賠償請求權。

7.3 本合約各條款之規定依其性質，於合約期滿或終止後
若仍未履行完畢者，仍有拘束力。

說明：「解除」或「終止」合約在法律上的意義大不相同，「解除」等同合約沒有發生過，因此雙方必須還原合約未發生前的狀態，製作方必須返還所收到的任何費用，而委託方則也得不到或必須返還合作期間所得之創意、腳本或拍攝素材等，不得繼續使用或移轉他人使用。「終止」則只是自終止日起雙方停止繼續合作，製作方不必返還已經得到的費用，而委託方也可以保有雙方目前合作所得到的文件或影像之「著作財產權」。

8. 未盡事宜

本合約如有未盡事宜，應依中華民國民法解釋之。

9. 紛爭解決

因本合約所生爭執，應先就本合約有關規定尋求解決。倘爭議無法解決因而涉訟時，雙方合意以 _____ 地方法院為第一審管轄法院。

10. 附件及其效力

本合約附件之估價單及時程規劃表，視為本合約之一部份，與本合具同等效力。各項文件之規定得互為補充，如合約本

文與附件互有牴觸時，以合約本文具優先之效力。

11. 合約收執
本合約壹式貳份，由雙方各執乙份，並經簽署後生效，以昭
信守。

立合約書人

甲　　方：

代　表　人：

統一編號：

公司地址：

乙　　方：

代　表　人：

統一編號：

　　　　　　　　中華民國＿＿＿＿年＿＿月＿＿日

Part 4
影片預算力

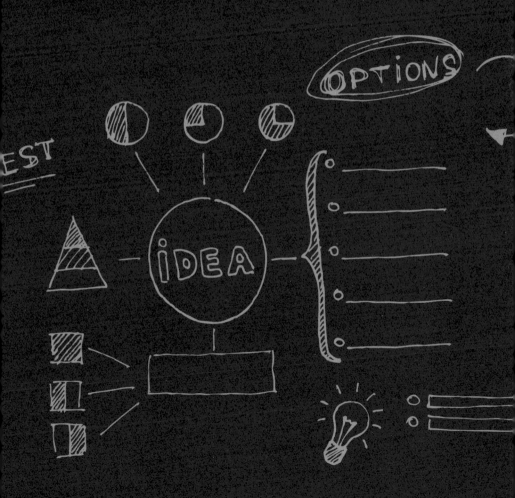

▶ 4-1
製作一部影片需要多少錢？
預算規劃基本概念

我在規劃這本書的時候，很多人都問我為什麼「多少錢」要放在最後討論？這個問題難道不是所有客戶第一個會問的問題嗎？不過如果順利讀完 Part 1 到 Part 3 內容的讀者，應該會知道這個問題的答案。

> **最簡單來說，每支影片的創意都不一樣**
> **，設計出的分鏡與畫面也不一樣，**
> **因此拍攝複雜度與拍攝天數也不一樣，**
> **當然價格就會不一樣。**

身為客戶（發案方），如果你還無法清楚描述或想像出影片成品的樣貌時，那我（製作方）又該如何報價給你呢？

除了上述這個較顯而易見的原因之外，做了這麼多年廣告行銷影片的我決定最後才談錢，其實是還有另一個原因：我打從心底覺得影片的價值不該「單」用錢來衡量，因為在我心中影片的影響力與

煽動力是無法想像的大，只要你敢想、有能力規劃，那你絕對能用影片來開創無限的可能與商機。

從這個角度看，先談錢，或是說讓想像力一開始就被預算所限縮，豈不是一件萬分可惜的事嗎？因此，當然要談錢，只是不先談錢，更不要只談錢。

先問「多少錢」不如先決定「要拍什麼」

在實際來談錢之前，我們再次回顧一下你剛翻開這本書 Part 1 的這個內容：我需要什麼樣的影片？是啊，你需要什麼樣的影片？在還沒決定影片類型，甚至是影片目的、感受、效果之前，你也無法將你的需求完整傳達給製作團隊，對方當然就沒辦法給你一個比較準確的報價。

> 如果你講得很模糊，對方竟然還能給你一個報價，那這肯定是個警訊（詳見單元 3-1 的說明）。

如果你是拿到這本書就直接翻開 Part 4 的讀者，我會建議你先回頭去熟讀 Part 1 到 Part 3 的內容，先把自己提升成「懂影片策劃概念」的客戶，再來討論「多少錢」這個問題，這樣不但會顯得自己更專業，還能大大提升最終影片成品的品質與效果。

不過你還是會想說：那至少先給我一個概念吧？製作一支影片到底需要多少錢？如果我真的要喊幾個數字出來，當然沒問題，例如：我拍過幾萬塊的商品開箱影片，我也拍過幾十萬的房地產廣告，我也拍過幾百萬的汽車廣告。甚至我還可以講得更仔細，在我作品集裡的音響募資影片預算在 30 萬左右，北部某房產公司的形象影片每支在 50~60 萬之間，城市行銷微電影預算則將近 100 萬。

聽完之後你可能會有些「概念」，覺得好像「知道」拍片會需要多少錢，但同時也可能覺得沮喪，好像沒有幾十萬就無法做影片了，但這也完全不是事實。

拍片並不是買菜（買特定某種食材），拍片更像是想要做一盤尚未決定好的佳餚，如果預算少：

· 可以選擇更便宜一些的食材（拍攝方式）
· 可以用一些獨門的秘方或做法（創意）

讓餐廳的客人（受眾）一樣能滿足而歸，只要心中有這個概念，那你就準備好可以來閱讀 Part 4 了。

拍片三角「唯二論」：時間、預算、品質

在進入到銅臭味滿滿的 Part 4 之前，還有一個想要跟大家溝通的重點，我稱為「拍片三角唯二論」的概念。其實這個概念並不僅限於拍片，大部分與設計相關的產業也都時常面臨這樣的難題，導致

製作團隊一天到晚跟客戶拉扯。所以到底什麼是「拍片三角」呢？

　　所有發案的客戶都會希望能找到「拍得快」、「價格甜」、「品質好」三個向度都滿分的製作團隊，哪個客戶不希望是如此呢？但在找尋合作團隊時會慢慢的發現，通常無法同時滿足這三個條件。以下我來舉三個例子佐證這個論點，並且說明理解「唯二理論」對於影片策劃者的你有什麼樣的重要性。

》 狀況 1: 品質好、速度快，但價格一定不甜

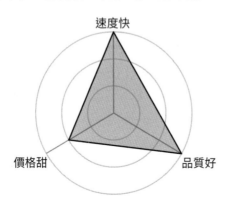

還記得我曾說過，客戶方的老闆堅持要做一支廣告微電影的例子嗎？當我充分理解對方需求，並以參考影片為報價依據給了對方一個預算範圍時，對方老闆的驚嚇指數直接衝破了天花板，他無法相信拍這樣的劇情影片會需要幾十萬甚至破百萬這樣的預算。直到我把 Part 3 大致的內容講給對方聽，他才驚呼到原來戲劇類影片的背後，是得靠這麼多人、花這麼多時間才能做出好作品。

當然，如果你願意犧牲掉一些「品質」，例如可能就學一些自媒體上比較簡單陽春的短影音拍攝方式，少一點所謂的「電影感」，那價格自然也能下降一些。

有時候願意犧牲「速度」也能讓價格下降，不過以廣告微電影的例子來說，因為大多的預算都是噴在「拍攝期」，所以如果能減少拍攝期的長度，也能適度地降低預算（單元 4-3 會更詳細說明）。相對的，如果你是需要加快交片速度（例如影片一定要在 30 天內完成），那在盡量不影響品質的狀況下，肯定就得多找前後期與拍攝人員來幫忙，以加快前期、拍攝期與後期的速度，這些人力成本的增加肯定就會反映在預算裡，造成價格這個向度的增加。

》 狀況 2: 品質好、價格甜,但是速度一定不快

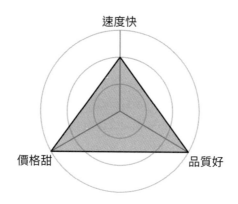

這種狀況的一個好例子,就是「微紀錄片」的製作。當然如果你追求的是像 Discovery 節目那種調性的紀錄片,光是投入的人力跟設備,價格肯定無法太低,但一般認知中的紀錄片,尤其是影片時長控制在幾分鐘內的微紀錄片,通常都能由 3~5 人這種小團隊完成,勞動力成本相較於標準戲劇劇組就會低很多,因此微紀錄片報價上的數字也通常都比微電影來得甜。

但這其實也不一定,假如你的微紀錄片是要拉去國外、大雪山或外太空拍攝,那預算恐怕還可能比在國內拍微電影還要高,所以我才說報價這種東西就真的是 case by case。

先假設你選定的拍攝團隊作品符合你覺得「品質好」的標準,而團隊也願意報出你覺得 CP 值挺高的價格,那你很可能要有個心理準備:這個案子恐怕得花點時間。

這個原因也很簡單,首先團隊人力比較少,可能每次最多出兩個

攝影師，畫面得一個一個慢慢拍，甚至團隊可能同時也在接其他的製作案（所以才願意用稍低的價格來接你的案），因此也並不是隨叫隨到，有時候是團隊沒時間，有時候是拍攝對象沒時間，間接造成「拍攝期」的延長。

當然，如果你願意犧牲掉一些「品質」，例如有時候是由臨時調派的攝影師代打上陣（畫面品質或氛圍可能會不太一樣），那速度肯定能夠再提升一些。或是增加一點費用，讓團隊有足夠的銀彈心無旁騖地衝刺你的這個案子，那肯定速度上也能更快完成。其實概念就是這麼簡單。

» 狀況 3: 速度快、價格甜，但是品質很可能會被犧牲

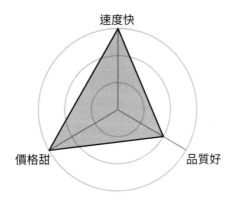

最後一種狀況你說不定早就遇到過，你手上有一個影片委製案，結果找到了一個聲稱能在兩個禮拜內完成的團隊，然後價格竟然比其他團隊的報價還要再低個十萬！結果在製作的過程中，你跟團隊不斷地發生衝突，最後做出來的影片更是慘不忍睹，不是在上線後

被罵翻（公部門影片常見），就是根本不敢讓影片上線，摸摸鼻子認賠。

我敢這樣講，是因為我聽過太多客戶轉述過這樣的恐怖經歷，這也正是我想寫這本書的其中一個動機，希望看過這本書的影片策劃者，都能有足夠的知識來做風險管控，避免這樣的事情發生。

同上面兩個狀況，你可以調整「速度」跟「價格」兩個向度來增強影片的「品質」。在製作某些類型（尤其是劇組人數不用那麼多的影片類型，像是微紀錄片、見證影片、某些社群媒體影片等）可以透過較不緊張的交片期限來增加價格的談判空間。

而有些影片類型就只能靠銀彈來提升影片的品質，無論是前期（增加創意發想人員）、拍攝期（增加劇組工作人員，讓主創充分發揮拍攝實力）或後期（增加後期特效以及單元 3-5 中提到其他後期面向的品質），像是短秒數廣告、廣告微電影、實境影片等原本團隊工作人員就比較多的拍攝劇組。

» 有沒有特例？不犧牲品質、速度，但又價格甜？

但其實有兩種狀況可能不會犧牲品質，是不是聽到這句後你突然眼睛一亮，想說為什麼不早說？當然是因為這兩種狀況有一定的但書或風險，我仍然會做說明，但你必須要自行評估並承擔後果。

第一種，有些初試啼聲、搶做作品的團隊，會願意用更低的價格來接委製案，他們一般很有熱情，但作品少，跟客戶合作的經驗自然也少，因此要跟這樣的團隊合作不是不行，但風險值絕對會上升。

第二種，有可能你本身想做的影片類型，不太需要所謂的「高品質」（相對於微電影廣告或形象影片那種畫面上的高品質），無論是拍攝要求較低，或是製作過程相對簡單（例如很多社群 QA、開箱等單元 1-1 提到的「其他類型」的影片），那這時只要做好基本的團隊篩選把關，就不需要太擔心，每個團隊的報價價差應該也都會不大。

小提醒

討論拍片三角的用意並不是說你不可能有「速度快」、「價格甜」、「品質好」的影片，因為這三個向度終究是「相對的」，因此更正確的使用方式是：你先提出你想要的創意跟參考影片，讓團隊回報他們覺得所需的時間和價格（不需要犧牲「品質」的狀況），然後你再根據團隊提供的資訊來做評估。

例如在預算低於團隊報價時，與其只會拜託團隊多「幫幫忙」算便宜點，更正確的作法可能是跟團隊討論若降低畫面品質（並請對方提供新的參考影片），或是延後交片的時間（用更精簡的方式拍攝），是否有機會在報價上創造空間。

如何知道你的創意
做出來的影片會多貴？

我們先倒帶回到 Part 2 的最後：你的創意已經想好，幾個參考影片也找好了，甚至也已經寫下了一個概略的腳本，你要怎麼知道做出這個創意會多貴？

你可能會說，但這應該是製作團隊的工作，我把想法丟給他們讓他們來估價就好。當然也不是不可以，但如果身為客戶方，能先抓出製作影片的大概預算，那對於整個行銷案的預算分配，或單純知道有沒有可能在現有的影片預算範圍裡做，都有很大的幫助。

這不單單只是「買米知不知米價」的問題（我在單元 4-3 會專門討論影片製作影片的「米價」）：

> 而是當你對「創意」會轉換成多少「成本」
> 一無所知時，就會很多慘況發生。

例如你可能會在招標標書中寫下太過吃緊的製作預算，讓許多能做出好作品的廠商卻步，或是在做詢價的時候，單方面地被報低價

的團隊所吸引，而忘了考慮其他會提高風險的面向。

從前面的單元一路讀下來，你對於影片估價應該已經慢慢有基本的概念。那我接下來就從更宏觀的角度來討論影響創意「價格」高低的幾個關鍵因素，讓你在想創意的時候，對於它到底會多「貴」能有個基本概念，至少能知道這個創意是「幾萬」的創意、「幾十萬」的創意，還是「幾百萬」的創意。

案例討論：台北世大運宣傳影片 Taipei in Motion

多年前台北市的世大運，一開始在招標製作行銷影片時，做出來的成品屢屢受到網友們的挑戰跟批評。

NOTE　被批評案例：影片參考清單「4-2-1 Go Go Bravo 臺灣有你熊讚」

NOTE　本書所有參考影片，請開啟此短網址，在清單中開啟播放：
https://bit.ly/2022cfbook

當然除了創意不夠完整（並沒有配合一套完整的行銷計畫）之外，對於製作費用的錯誤預判也是很大的原因。後來市府團隊為了扭轉局勢，透過「品牌諮詢小組」的協助，成功規劃出一系列效果非常好的宣傳影片，其中最為人津津樂道的形象影片 Taipei in Motion，不但在發案招標前就先規劃好了創意的輪廓，還預估好了這支宣傳片的標價：500 萬，成功吸引到專業級的設計與製作團隊合作，花了超過半年的時間，從視覺設計、拍攝到後期環節做完整規劃，最後做出了國家級的宣傳片，不但拯救了「品牌」，還揚名國內外拿了

設計獎。

NOTE 成功案例：影片參考清單「4-2-2 Taipei 2017 Summer
Universiade - Taipei in Motion」

這邊要特別說明，並不是說你沒有 500 萬就不能拍出好東西，而是你得先摸清楚你心中想要的這個東西，到底是需要 5 萬、50 萬，還是 500 萬，如此一來才能提前做好預算分配的規劃，對於找到合適的委製團隊也是非常有幫助。

畫面質感越高、製作過程越複雜：需要越好的設備／團隊

我先來點出房間裡的大象：現在不都可以用手機來拍片嗎？有一堆課程在教啊！誰還需要昂貴的器材？身為曾經也教過手機拍攝的講師，我只能勸各位只要有些許預算，真的不要用手機拍片，尤其是攸關品牌印象的廣告行銷影片。

手機不但有鏡頭焦段限制、更有後期剪接跟調色上的限制，一般業界攝影師不用手機拍攝，剪接師很討厭手機拍攝的素材確實是有原因的，連比較有經驗的 Youtuber 都會選用單眼或類單眼相機做為拍攝工具。

大象講出來後，那就可以來進入討論的正題，拍攝設備的等級分為那些？用這樣的設備與團隊大概會多貴？每種等級又適合哪些類型的影片呢？

» 基礎配備：適合婚攝、活動紀錄、開箱影片、見證影片

這類的案子的預算都落在「幾萬塊」的範圍裡，成片並不一定講求質感太高的畫面，反而更注重在內容的傳達，拍攝需要花費的前期、拍攝期與後期時間也相對少，很可能簡單籌備的幾天、拍個一天、剪個一週左右就能完成。

這類的案子很適合使用較基礎的攝影設備，像是有錄影功能的單眼相機 Panasonic GH5、Canon 5D4 或 Sony A7SIII 都是這種小案子的好選擇，收音設備會直接連接在攝影機上，相對的燈光設備也大多會是簡易的 LED 燈跟反光板等容易攜帶的設備，這些設備一天的租借費都只需幾千元。（團隊工作人員的費用留在下一單元的估價單解析裡做說明）

» 中階配備：適合形象影片、說明影片、微紀錄片、實境影片

這類案子的預算落在「幾十萬」這樣的範圍裡，而案子狀況有兩種可能：設備較好但製作較簡單、設備較簡單但製作較麻煩。

微紀錄片、實境影片屬於後者，團隊用的攝影燈光設備可能偏「基礎配備」，但因為所需要的時間比較長（微紀錄片）或所需人力比較多（實境影片），因此預算會再多出一些。

形象影片、說明影片則屬於前者，這類影片為了追求畫面更高的質感，會選用再好一點的攝影設備，像是 Sony FS7、Sony FX6、Canon C300 在畫面質感上都比基礎配備的那些更好，而通常燈光設備也會相對應的升級，讓現場的攝影師與燈光師有更多創作空間，收

音設備也會相對地專業，可能會用「蹦竿」搭配收音／混音器來收。

一般來說，「中階配備」的器材設備費一般會是「基礎配備」的 3 倍左右，團隊人數也會多一些。

» 高級配備：適合高質感微電影與形象片、大品牌短秒數廣告

這類案子追求的是俗稱有「電影感」的極致畫面，預算會落在接近「百萬」或甚至「幾百萬」的範圍。狀況一樣會有兩種：設備最好但製作較簡單、設備較好但製作較麻煩。

像是世大運 Taipei in Motion 這種高質感形象片或是大品牌短秒數廣告（尤其是化妝品、汽機車、運動用品等產業別，有極高質感畫面需求）屬於前者。廣告微電影的製作屬於後者。

設備的選擇上就會選用電影拍攝等級的攝影機，像是 RED 系列攝影機或是 ALEXA 系列攝影機，燈光設備也因為拍攝機器的細緻程度一樣會選用電影級別的燈光，收音更是會採用電影專業的收音／混音設備，讓後期混音師有最好的聲音素材可以使用。

「高級配備」的器材設備費一般會是「中階配備」的 2 倍左右而已，讓製作費飆升的原因還有團隊人數跟需要耗費的時間。

⚙ 拍攝時間越長、天數越多：拍攝費用越貴

另外一個影響製作費用高低的就是實際的「拍攝天數」或專業人士說的「拍多少班」（班的計算方式請見單元 4-3）。

概念也很簡單，假如某個用「中階設備」在拍攝的團隊一天需要耗費 4 萬元，那拍攝兩天就會需要 8 萬元，依此類推。

» 影片總時長 V.S. 拍攝天數（班數）

6 分鐘的影片拍攝起來會比 3 分鐘的影片拍得還久，這是肯定的，畢竟一天能拍多少的量是有限的，如果團隊人力維持一定，那在拍攝量加倍的狀況下，通常拍攝天數（班數）也會加倍。

不過這規則在總時長少於一分鐘的影片就不見得適用，例如 30 秒的影片的拍攝時間往往並不比 1 分鐘的影片來得少，原因是拍攝時除了攝影機開機錄製的時間之外，準備工作與拍攝後的撤場工作也會耗費一定的時間，因此有個最低的標準。

» 影響拍攝天數（班數）的因素

另外一些影響拍攝天數的因素，我們在單元 3-2 裡面談「拍攝影片需要多久」的時候已經談過，主要得看分鏡腳本中「場景數量」、「分鏡數量」與「畫面複雜度」這三個面相，估算方式也請各位再回去單元 3-2 做複習即可，就不在此重複說明。

演員等級越高：演出費與附加費用會越多

雇用不同等級的演員不單單只是影響到演出費的高低，如果有雇用到名人，可能還會衍伸出「代言費」或是「其他附帶費用」，因此如果有找明星或知名演員的想法，一定要在與團隊做前期溝通時早點提出，讓製片評估會增加多少預算。

» 廣告演員／戲劇演員

一般廣告行銷影片的演員費用大致在 6000~10000 元上下，會因演員本身演出經驗和本次拍攝時數而有價格浮動，有較多廣告演出經驗的演員甚至可能會是這個費用的 2~3 倍。

如果有戲劇演出經驗的演員（例如演過電影或電視劇），因為經驗和知名度的關係，費用也可能會比一般廣告演員還高，具體費用都需透過製片來跟經紀人或經紀公司來談才會知道。

» 明星／網紅

雇用明星通常也必須雇用該明星身邊的一些人，例如個人助理、化妝師、造型師、發音教練、表演指導等，而且這些人的勞務費通常都不便宜，因此演員相關費用會明顯地膨脹。

雇用網紅費用通常也相對比較昂貴，全看該網紅的「粉絲量」高低，粉絲越多通常費用越高，甚至有些網紅價格完全不亞於明星，但要留意的是「粉絲量」並不等於「活躍／有效粉絲量」，因此常常會遇到雇用網紅，導流效果卻比想像中差的狀況。

不論雇用明星還是網紅，都應該留意他們的粉絲是否有跟這次影片的受眾有相當程度地重合，以及他們最近是否有負面的新聞，以免合作後讓受眾對品牌產生負面的觀感。

拍攝場面越大、後期特效複雜度越高：時間與勞力都會飆升

單元 3-2 有提到拍攝畫面越複雜，需要拍攝該畫面的時間會越久，但這都還只是在討論時間而已。越複雜的畫面，像是十萬軍馬、奇幻世界的環境、主角肩膀上的小精靈等等，都是需要用現場跟後期大量的人力成本堆疊而成。

》 群演眾多的大場面

群演（臨時演員／背景演員）的費用雖然比主要演員低得多，通常都貼近勞動部公告的最低時薪，但如果一百個群演加總起來，費用依舊相當可觀，這還沒計算如果群演需要特殊的服裝或化妝要求，這些費用都還會再另外加上去。

通常非常大的場面（例如成千上萬的殭屍或大型演唱會觀眾），都會結合後期視覺特效來做，實際上可能群演只有最前面的一兩百人，後面可能都是用特效做出來的，否則將非常不符合經濟效益。

無論如何，這種大場面的畫面，不論在經費還是拍攝時間的消耗上都是挺沈重的，如果真的需要幾個這樣的畫面影片才有效果（在

好萊塢這種觀眾看得很爽的畫面又稱 money shot），應該要事先好好討論，把錢花在刀口上。

》 視覺特效／ 3D 建模／ 2D 手繪

有時候你的廣告行銷影片裡會有科幻感的視覺特效，或是需要商品內部結構的動態 3D 模型圖，或者是在真人角色旁邊合成一個 3D 動畫人物，也有可能你會想要學日本很多結合動漫的廣告，部分使用 2D 手繪動畫的效果，上面這些都稱為視覺特效。

> NOTE　例如全息投影的效果：影片參考清單「4-2-3 Introducing Microsoft Mesh」

> NOTE　例如結合動畫的效果：影片參考清單「4-2-4【日本 CM】史上最吸引的大學招生廣告以京都美景為舞台」

視覺特效的價格主要根據其製作的複雜度來判定，一般來說都是以「秒」在計價。如果是拿常見「視效模板」來改的，價格通常會比較便宜，例如企業簡介中片常見的全息投影或其他科技感的特效，或是現在說明影片很流行的 MG（Motion Graphics，一種 2D 特效）表現方式，這類的特效價格一般都在 2000~3000 元／秒的範圍，所以如果一支全部用 MG 做出來的 2 分鐘說明影片，合理價格就會落在 30 萬上下。

> NOTE　MG 動畫特效範例：影片參考清單「4-2-5 McDonald's – How to use the new McDonald's app」

而涉及到 3D 建模（商品或動畫角色）還有 2D 手繪時，價格還會

再更高，一般落在 4000~6000 元 / 秒的範圍。

　　對於吃預算的一些怪物有初步的概念後，接下來就來跟大家聊聊「估價單」，看看不同項目是如何估算，以及在 Part 3 中提到你在現場看到的劇組人員的費用都是怎麼計價的。

🎥 小演練

　　選擇 10 部自己搜集的參考影片做練習（最好類型跟調性有些差異），根據本章所教的內容，用 1 到 5 顆星的來評估這些參考影片製作預算的高低（1 顆星為最省錢，5 顆星為最花錢），藉此來培養一眼看出某影片「貴不貴」的基本能力。做完這個練習之後，再回頭審視自己正在策劃的影片，一樣用 1 到 5 顆星的來評估它。

如何看懂製作團隊給出的估價單？
常規報價剖析

你已經設計好創意，說不定還寫了個簡單的腳本，還粗略地抓了抓預算範圍，然後也已經開始公開招標或私下找團隊詢價，接下來就會收到一推製作團隊的「估價單」像雪片般飛來，估價單到底長什麼樣子？該如何知道報價是否合理？根據團隊報價可以看出什麼隱藏版的訊息？

看過 Part 3 的讀者應該已經知道製作團隊由哪些人員組成，這些人員不但需要勞務費，而且還會搭配器材與耗材的相關支出，這些一條一條的價格加總起來，就成了「估價單」的細目，也是創意、腳本大致底定後（除非拍攝內容相當簡單，那有可能不需要創意完成就能做出估算），製作團隊會出給客戶（委製方）的一份報價文件。

估價單其實只要懂得解讀，裡面蘊涵著許多寶貴的訊息，例如：

- **團隊對於案子的掌握程度**
- **拍攝的規模**
- **主創人員的等級**
- **預算分配的比重（前期、拍攝期、後期相對比重）等**

學會看懂估價單，除了審視有沒有超出
常規範圍的費用之外，
更能夠一眼看出團隊的專業度以及執行經驗。

　　那下面我就拿前面提過的教育部育兒津貼廣告的估價單來拆解給
大家看，並一條一條地做講解。

NOTE　影片參考清單「4-3-1 0-6 歲國家一起養」

教育部育兒津貼廣告估價單

專案名稱：教育部育兒津貼廣告					
製作規格：4K 拍攝 / 交付 HD 檔案					
影片長度：30 秒					
ITEM 項次	DESCRIPTION 說明	UNIT PRICE 單價	UNIT 單位	QTY 數量	PRICE 費用
1	* 導演	35,000	/ 案	1	35,000
2	* 影片腳本	10,000	/ 版	1	10,000
3	* 製片	32,000	/ 案	1	32,000
攝影 / 燈光					
4	* 攝影師	14,000	/ 班	1	14,000
5	* 攝影助理	4,000	/ 班	1	4,000
6	* 攝影器材（含機上麥克風 / 無線麥克風）	15,000	/ 班	1	15,000
7	* 燈光師	8,000	/ 班	1	8,000

8	* 燈光助理	4,000	/ 班	1	4,000
9	* 燈光器材	12,000	/ 班	1	12,000
後期製作					
10	* 剪接、輸出	1,200	/ 時	40	48,000
11	* 2D 特效、字幕	1,500	/ 時	20	30,000
12	* 調色	8,000	/ 時	2	16,000
聲軌製作					
13	* 音樂版權	6,000	/ 版	1	6,000
14	* 混音製作費	15,000	/ 版	1	15,000
15	* 錄音室使用費	2,000	/ 時	8	16,000
16	* 演員 (2 大 1 小)	40,000	/ 班	1	40,000
17	* 梳化妝師	12,000	/ 班	1	12,000
18	* 美術設計 / 置景	15,000	/ 案	1	15,000
19	* 場景租借	2,000	/ 時	10	20,000
20	* 服裝、道具	15,000	/ 式	1	15,000
21	* 製作雜支 (餐飲、交通、油費 … 等)	15,000	/ 式	1	10,000
小　計					377,000
稅　計					18,850
總　計					395,850
說明	1. 本報價單之有效日期為十五日。 2. 凡發生非屬上列費用項目範圍，或數量、內容變動者，則依實際發生的製作費，另行計價之。				
			客戶 確認		

*註記：這份估價單經過一些模擬與修改，並非團隊當時真正的估價單，所列價格是依據 2021 年報價基準來做，僅供參考與演練。

🔄 估價單裡的三種計價方式：計案、計班、計時

» 以「案／版」來計費：前期工作人員＆搭景／服裝／道具／雜支

估價單上主要有三種計價方式，第一種稱為「以案計價」，通常用在那些案子從頭跟到尾的主創人員，以及難以用天數或時數來計價的創意人員，製片、導演、創意、編劇，甚至是剪接師，大多都用「案」來計價，但為了怕腳本、分鏡或剪接無限來回修改，團隊通常會在估價單下的備註欄備註修改次數相關規則。

另一類用這樣方式計價的項目，是材料與拍攝雜支這塊，例如美術搭景材料費、演員治裝費、陳設道具費與劇組交通食宿等，有時候這些項目的計價單位會是「式」，但基本上跟「案」的概念一樣，都是全案一口價。為求估價單的整齊劃一，如果客戶需要特定項目的收費細節（例如食宿交通的細節），通常會再另出一份清單，但這狀況比較少見。

» 以「班」來計費：拍攝期的演員＆工作人員

第二種計價方式稱為「以班計價」。「班」的計算方式前面有提過，口訣是 8-6-6-4，意思是：

- 第一個 8 小時為第一班
- 接下來延長 6 小時則需再算一班
- 如果連續 24 小時拍攝，則共計 4 班。

拍攝期的劇組工作人員絕大部分都用這個方式計價，其中包括 Part 3 提到的各組工作人員以及演員，都是根據工作的「班數」來算費用。這邊要特別提醒的是，一般劇組工作人員是不會用「半班／天」來計費，因為即便拍攝只有幾個小時，他們當天通常也已無法接其他工作。

估價單上攝影、燈光器材，還有道具租用的部分（不過一般場地租借還是多以「小時」來計算），因為都是跟著劇組的拍攝時間做租借，因此通常也是用「班」來計價，租用越久費用越高。

另外，雖然各組的頭（攝影師、燈光師、美術、造型等）在估價單上都是報拍攝班數，但通常會自動包含前期的技術勘景（技術組到拍攝場地做勘查，除了製片跟導演外，攝影師與燈光師也都會到）以及定妝相關工作（除了製片跟導演外，造型組與演員會到），這些「額外」的拍攝期工作通常不會計算在估價單的班數裡。

》以「時」來計費：後期工作人員

最後一種計價方式是「以時計價」，也就是用「每小時」需多少錢來收費。與劇組工作人員不同的是，後期工作不具有以「班」為單位的排他性，加上錄音室與調色室多半都用小時計價，因此後期通常就直接用「時」作為計價單位。剪接師、特效師、配樂師、混音師等都會根據分鏡腳本來判斷工作量，預估出完成各自任務所需的工作時數，而有時候不用等上述人員報價，有經驗的製片人也能做相對準確的預估。

在做後期估價時比較尷尬的就是剪接師了，畢竟每個案子的類型

與需求不同，因此剪接師的報價方式會因應案子而選擇不同的計價方式，在一些比較能預估明確工作時數的影片類型，例如短秒數廣告、品牌形象片、說明影片等，就會選擇用「時」來計價。

但如果是剪接工作比較複雜的類型，例如廣告微電影、微紀錄片、實境影片等，那可能會選擇用「案」或「版（完成一個剪接版本，如果大幅改動要另算一版）」來計價，並預先定好修改次數與每次修改幅度。

估價單常規價格深入剖析

那你一定會想問：這些人員跟費用我一概不熟，又該如何知道費用怎樣才合理？不要著急，現在我就一項一項來講解，但我同時也要先聲明，這是寫這本書當下的「合理價格」，這個價格不但會隨著案子的難易度改變（會需要找不同等級的導演、攝影師、燈光師等，價碼自然不同），而且還會隨著時間改變。

因此我通常給客戶的建議是，單價不用看得太細，只需要看「明顯超出合理範圍」的項目（單價過高或過低都該注意），這些才是需要細問團隊的部分，而如果團隊本身夠專業，他們也通常都能提出合理的解釋。

以下各項目說明，請搭配本單元開頭「教育部育兒津貼廣告估價單」一起看！

» 導演、製片、創意／腳本費

導演費與製片費一般是用案子總預算的 10 ～ 15% 來計算，而且預算越低，佔比則越高，以保證這兩位幾乎從頭到尾參與的主創人員有合理的勞務報酬。

有些人會問，但我都還沒計算出總預算，那不就抓不出來？其實只要先把其他費用加總起來，再把這兩個人的「包案服務費」依合理百分比加乘上去就可以了。

至於創意的部分，有時候會由導演親自操刀，但大部分會由廣告或製作公司內部的「創意總監」來發想撰寫，費用通常也是用總預算的比例來抓，但變動性較高，會根據案子的類型與複雜度而有變動，但一般都抓在總預算的 2 ～ 5% 之間。

» 攝影師與攝影助理費

攝影指導或攝影師的費用，全看案子需要等級多高的攝影師而定，合理費用的範圍也較大，從一班 8000~15000 元左右的標準廣告攝影師、一班 60000 元的專拍食物攝影師，到更貴的拍電影的金獎攝影師，製片將依據這次委製案的需求來找人。

攝影助理的費用，包括其他組的助理，通常是根據攝影師的等級而有變化，標準攝影師的助理，以目前來說一班的費用多在 3000~5000 元，除非是跟在攝影師身邊負責拉焦（鏡頭對焦）的大助理，若攝影師判斷需要這樣的專業人員跟在身邊，他費用就肯定會是一般攝影助理（小助理）的 2 倍左右。

上述費用並不包括攝影器材（攝影機、各種鏡頭、腳架、滑軌、穩定器等）的租用，但也能跟攝影師（攝影組）談包器材的價格。

》 燈光師與燈光助理費

燈光師的費用也是要看案子的打光複雜度而定，但畢竟打光的調性會是由攝影師所定，因此燈光師的等級需求通常也都是由攝影師來定，不過通常費用不會比攝影師來得高，從一班 8000 到 15000 都算合理，但也有專拍高級食物食材、拍車、拍化妝品專業的燈光師要 2、3 萬，價格越高，打光經驗值越多，能更快地完成複雜度高的打光工作。燈光助理通常不會只有一個人，會因應打光的複雜度增添 1~4 人甚至更多，而燈光助理的費用跟其他組助理的費用計價方式類似，一般也都落在 3000~5000 的範圍裡，但現在通常都落在 4000 以上。

上述費用並不包括燈光器材（各種燈光跟腳架、減光、柔光、擋光、反光設備等）的租用，但也能跟燈光組談包器材的價格。

》 收音師（收音組）

前一單元有提到過，很多使用基礎配備在拍攝的案子都會直接把收音器材連接在攝影器材上，除了省錢（不用額外請收音組），但更多是因為讓攝影機方便快速移動，缺點當然就是收音通常無法盡善盡美，甚至會出現連後期混音師都無法補救的狀況（例如無線麥克風雜音太多但工作人員沒有及時發現）。

所以如果是現場聲音很重要的影片，這時候現場能有收音師或收音組來全權負責收音工作就非常重要，像是廣告微電影或實境影片，就非常需要確保現場聲音有被完整收錄。

收音組通常由收音師與一名舉「蹦竿」的助理組成，一班的費用平均在 12000~16000 元左右，通常包含自帶的收音器材租借費。但也有稍微規模小一點，收音師一個人就能搞定的狀況，費用就會再稍微低一些。

» 美術（職位名稱）、置景費與道具費

一般的美術或美術指導的費用為一班 2~3 萬，而美術助理價格的為一班 8000~10000 元左右，通常會有 1~2 位的助理跟著美術一起出班。美術計價方式雖為出班拍攝班數，但這通常會包含前一兩天的提前置景作業的勞務。

若案子的美術工作相對簡單，例如選用有現成景的攝影棚或場景佈置原本就較完整的場地，美術可能一個人就能搞定置景與道具。至於置景與道具的費用，必須根據腳本的需求另外報價，因此較難做提前估算。

» 造型師、梳化妝師與治裝費

如果案子較大預算較多，那有機會請造型師來為角色設計造型，計價方式因經驗而異，基本上一個角色的造型設計費差不多在 5000~7000 元左右，不過造型師也常會談包案價。梳化妝師無論劇組大小基本上就都是必須，哪怕只是簡單的公司長官的採訪影片。

梳化妝師的價格通常是一班 8000~15000 元，化妝助理則在 3000~5000 元左右。這邊要特別注意的是，有些藝人會要求製作團隊雇用他的「御用化妝師」，一班的價格甚至高到 7~8 萬，會增加不少預算上的負擔。

» 演員費用

上一單元有提到過，演員的價格範圍相當大，基礎廣告演員出演費大概在一班 6000~10000 元的範圍裡，但有戲劇演出經驗的演員或廣告圈較知名的演員則較貴，價格可能會上到一班 1~2 萬甚至更多。雇用明星與網紅的費用通常遠超過上述一般演員的費用，這在前面都已經有說明過。

» 後期剪接費與特效製作費

剪接費的計算方式，無論有包案價與否，通常都是用時薪來估算總價，一般剪接師的時薪會抓在 1200~1500 元。以剪接五分鐘的影片來說，通常需要 5 個工作天左右（包括粗剪與精剪的部分），一天以 8 小時的工時來算，就能估算出剪接費在 5~6 萬元。

最簡單的影片少則也要 2 天的剪接時間，若是廣告微電影或微紀錄片這種拍攝素材量大、剪接相對耗時的影片，可能至少要 10 個工作天，費用則大致上會依比例來減少或增加。

特效製作則分為一般比較簡單的「2D 簡易特效」，通常是用 After Effects (AE) 等特效軟體來做，很多剪接師能一併處理，時薪通常抓在 1500~1800 元。

還有比較複雜、耗時且費用高（以秒計費）的「MG 動畫」、「3D 建模」、「手繪動畫」，這些通常都得找外部協力人員，費用計算方式在上一個單元裡已經做過說明。

» 配樂、音效與混音費

配樂的部分你有兩種選擇，可以請配樂師自己原創，或是購買版權音樂（又稱罐頭音樂）來重新剪接使用。前者通常比較單純，只需要付配樂師的創作勞務費，後者則需要購買所選音樂的公播版權（不同使用範圍會有不同的價格，詳細價格須洽混音室或查看版權音樂網站）。

配樂的計價方式因配樂師的經驗而異，但一般來說 1 分鐘以內的短秒數廣告的收費方式在 2 萬左右，5 分鐘以內的影片則可能會報 3~5 萬不等的報價。

一般而言，請配樂師做原創配樂，費用約為選罐頭音樂重剪的兩倍左右，不過還是要看配樂師本身的經驗與等級。

混音的部分，一般分為混音勞務費與錄音室租借的費用兩項。混音勞務費與剪接費的報價方式類似，時薪在 1500~2000 元左右，只不過混音通常都能在 1~2 天內完成，因此總價比剪接費用來得低。若有旁白配音、對白重配音、樂器演奏錄製等需求，則會需要租用專業錄音室來收音，這也都是用時薪來計價，一般錄音室的租借費在每小時 2000 元上下。

» 調色（又稱調光）費用

調色費用的計算方式相對簡單，通常都是委託調光公司或調光工作室，計價方式為每小時 8000~10000 元，以短秒數廣告來說，通常在 2~3 小時能調好，3~5 分鐘的影片可能需要 4~5 小時。一般來說，廣告微電影、短秒數廣告等這類要求畫面質感較高的影片一定會做專業調色，但如果是畫面要求沒有那麼高，也是可以把簡單調色的費用包在剪接的費用裡，但調色效果肯定並不比專業調光師做得好。

» 其他製作雜支

其他製作上的雜支包含劇組的吃飯、交通、住宿等。劇組一班通常會配給兩餐，交通跟住宿則通常是在拍攝地點較遠的外縣市才會有，若有僱請演員，通常還會有經紀人、助理隨行，雜支的相關費用就還會再加上去。

報價單中的隱藏費用：公司管銷與利潤

這邊要跟各位公開一個不算秘密的秘密，那就是估價單有些項目是有被灌水的！好啦，其實有做過公司報價的人都做過類似的事，原因也跟其他產業的大家都一樣，因為估價單裡不太可能會有一條「公司利潤與管銷」的項目，但公司或團隊接案還是必須要有利潤啊！總不可能把工錢發一發就全沒了吧？因此只能把這個「不能說的項目」分散到其他比較容易被灌水的費用裡。所以跟我比較熟的客戶，我都會跟他們說：估價單要看，但不用看太細。

　　不過每個團隊或同一團隊針對不同案子，加在成本之上的「利潤%」可能會不一樣，這就構成了你詢價後得到不同報價的主因。前面單元有稍微提到，如果團隊本身小而且不找其他外援的話，那所需的管銷與利潤也相對少，因此報價可能比較低，但如果價格低很多的話，那就可能還有別的因素在影響，有可能團隊想多搶些案子來累積作品（該團隊作品可能較少，願意犧牲利潤來承接），但也有可能團隊的技術能力不足，因此只能用低價（低成本方式製作）來搶案子。

　　無論是跟哪一種低價團隊合作，都可能增加不必要的風險，製作出讓人不滿意的成品，因此我都建議客戶，要選「合理」但不要選「便宜」，用價格來尊重專業才是建立良好合作基礎的第一步。

📹 小演練

　　請逐項細看本單元開頭的「教育部育兒津貼廣告估價單」，並參照最終的影片成片與拍攝工作花絮，試著看看這些項目的錢都花到哪裡去了，有沒有「反映在成片畫面上」？

NOTE　影片參考清單「4-3-1 0-6歲國家一起養」

NOTE　影片參考清單「4-3-2「0~6歲國家一起養」CF側拍記錄」

▶ 4-4
沒有足夠預算的時候怎麼辦？
用正確方法省錢

這個應該是困擾著所有客戶的最大問題，尤其對品牌經營、行銷策略、影音行銷沒有太多經驗的中小型品牌，常常在跟我第一次聊「拍片」的時候，就踢到了這個鐵板。「啊？拍這樣的影片要 50 萬喔？怎麼這麼貴？」「我們這次只有規劃 10 萬左右來做影片，怎麼辦？」是啊，就是沒有那麼多錢，如果有也會希望多少省一點用，身為客戶這樣想也是很正常的。

一個我很常聽到客戶說的「解法」，就是他們會想要「自己拍」，直接省掉這幾萬或幾十萬的影片製作費。我這邊只想奉勸大家一句：除非是很簡單的社群影片，或是你本身就擁有影片製作的專業，不然真的盡量不要自己拍，因為劣質的影片不但會直接讓觀眾對於你的品牌或商品產生負面的觀感，一旦產生了負面印象後得用更多倍的力量才能洗白，我相信沒有客戶願意賭上品牌的形象與名聲去冒這個險。

所以沒有足夠預算的時候，你能有哪些辦法呢？

前期影片策劃與創意發想自己來

> 雖然不建議自己動手拍，
> 我卻很鼓勵客戶一起動腦想、動手寫！
> 這是節省預算最簡單
> 卻又不會犧牲影片品質的方法。

　　這也是我會想寫這本書的其中一個原因，影片策劃與創意發想如果能自己來，不但更容易拍出適用且效果好的廣告行銷影片之外，還可以幫團隊節省前期創意發想的時間成本，進而省去好一部份的前期策劃費用。

　　但你可能會說：自己想創意、寫腳本能省多少？在估價單上創意腳本費最多也可能幾萬塊而已。沒錯，從估價單來看確實不會省掉多少，但如果你是帶著已經很完整的創意或甚至腳本去跟製作團隊談，這對團隊來說能省去不少前期來回討論的時間，大幅縮減製作週期、快速結案，因此通常你會更容易談到一個更加優惠的價格。

🎬 降低拍攝等級：單元 4-2 的回顧與反思

如果你有細讀單元 4-2 的內容，對於省預算你應該會有一些基本對策：

- 「設備／團隊等級」會影響到影片的總預算，因此你可以降低設備跟團隊的等級。

- 「影片總時長、場景數量、分鏡數量、畫面複雜度」都會影響到拍攝天數，進而影響到總預算，因此這些也能做簡化跟調整。

- 如果並沒有要依靠「明星或網紅」來帶流量，那只用一般廣告演員應該能節省不少預算。

- 「後期特效」如果太多或太複雜容易噴很多預算，那這部分或許也能適度精簡。

　　舉例來說，原本你可能想做的是一支 5~8 分鐘的感人廣告微電影，不但想用金獎拍攝團隊，原本還希望能請到明星來演女主角，結果沒想到預算一抓就直接超過了 200 萬。你可以把影片長度減成 3~4 分鐘，這樣預算至少就能少掉 1/3 甚至一半。團隊可能就用一般常規的廣告影片團隊，這樣設備跟團隊人員的費用又能節省一些。演員的部分可能就不找明星改用有戲劇經驗的好演員，這樣演員費肯定能節省不少。然後原本設想影片中有一兩個群眾演員破百的大場面，也全部都改成更精簡的劇情跟拍法，這樣可能又能成功省去好幾萬塊的製作費用。算下來，原本要超過 200 萬預算的案子調整一下，說不定 60~70 萬就能做了。

不過這裡要請各位特別注意，
精簡預算固然很爽，但千萬不要在過程中
也把影片的「行銷看點」一起精簡掉了！

什麼是影片的行銷看點？就創意內容而言，就是 Part 2 裡提到的 4 種娛樂觀眾的方式：超級厲害、超級感動、超級惱人、超級好笑，如果看點是娛樂觀眾的創意，那為了讓效果出來，該拍的場面或劇情還是不能省。

同理，看點如果是明星，那明星就不能省去，如果賣的是金獎團隊或金獎導演，那這部分的費用當然也省不了。

選擇利潤比例抓得較低的團隊

只要案子適合，其實我並不是反對客戶選擇報價較低的小團隊，如果影片製作預算比較吃緊的時候，選擇報價較低的小團隊不外乎也是一種方式，不過前提是這個團隊的「省預算方式」是願意在利潤上抓得比較少（可能是因為想多累積作品，也可能是因為執行拍攝的團隊人員編制本身就比較精簡），而不是其他終將害人害己的方式低價承接案子。

那找哪種類型的團隊能幫我度過預算不足的難關，但又不會踩到地雷呢？

» 小型攝影工作室（風險：經驗少／創意少）

作品品質穩定的小型攝影工作室，常常能拍出讓客戶覺得 CP 值很高的影片，這也是有些案子我會推薦自己熟悉的地方小型攝影工作室給客戶的原因，他們人員夠精簡可節省不少人力成本，而且多半是在地蹲點的團隊，因此交通成本比外地團隊低，一起開會的時間也好安排，對於難度不高的影片類型，像是前面提到的「基礎配備」可完成的影片，只要有人幫忙做把關，最後的成品無論在品質上或價格上都挺能讓人滿意。

然而畢竟「一分錢、一分貨」，跟小型攝影工作室合作也並不是沒有缺點，常見的弱項可能會在「客戶溝通」與「創意轉化」的經驗跟能力，這樣的工作室更像是「手腳」而比較不像「大腦」，但只要想做的影片不會太困難，加上客戶若能自己扛起一些影片策劃的工作，這樣的合作通常都還算是會有滿意的結果。

» 自由接案團隊（風險：沒有製作公司的保障）

預算吃緊時的另一個選擇是「自由接案團隊」，這樣的團隊跟「製作公司」的運作形態有明顯的不同，通常是由「某導演」或「某製片」組織跟領頭，他們有可能沒有成立自己的公司或工作室，也可能只是擁有微型工作室或根本就是所謂的一人公司，因此他們在執行案子的時候，團隊成員多半是依據案子所需來組隊，可針對不同案子與影片類型的需求找不同能力的成員來協助，一般擁有自己拍攝團隊的製作公司則相對比較沒有這種彈性，加上自由接案團隊對所謂「公司管銷跟利潤」的％要求較低，因此在不犧牲最終影片品質的

條件下，通常 CP 值也是不錯的。

當然，找自由接案團隊也不是沒有相應的風險。如果今天你找的是中大型的製作公司，那萬一製作過程中發生什麼狀況，例如跟執行案子的團隊溝通出了問題，或團隊主創突發性地棄案，製作公司一般都能立即做危機處理或團隊成員置換，算是多一層保障，這是自由接案團隊所沒有的。

換一種製作成本較低的影片類型

如果你想好了影片創意後，卻發現拍這個創意或這種類型的影片的預算真的太高，而且前面幾個方法都已經用上了還是沒辦法降到可執行的範圍內，這時候不用慌，你的職業生涯還不會馬上結束，這時候你可以退回到 Part 1 講的「影片目的」，想看看有沒有其他拍攝成本較低的影片類型可選。

> 畢竟與其跟預算硬碰硬做出一個半成品，
> 還不如換一種方式做出個有用的完成品。

舉例來說，之前就曾有客戶想要做一支新品牌的「形象影片」，在經過幾次討論並看過些老闆覺得調性適合的參考影片後，我大概估算了一下製作費用（當時記得是估 50~60 萬，已經是自由接案團

隊的優惠價），然後他們就崩潰了。

　我肯定不是第一次看到客戶崩潰，因此我反射性地引導他們回溯這支影片想要達成的目標，發現如果改用「微紀錄片」的形式來做，好像也能達到類似的提升品牌形象的效果，而且費用說不定只要原形象影片的一半左右。同理，如果你的預算只有幾萬塊，而且並不是要高質感漂亮畫面，更注重在資訊的傳遞，那或許一些社群影片的影片類型就能幫你達成想要的目的。

　只要弄懂影片策劃的流程，那你在選用類型、發想創意時就能擁有更大的彈性，就會慢慢明白只要你規劃得當，任何影片都有它的舞台，都有它能發揮神奇效果的方式。

小提醒

　在做廣告行銷時影片固然重要，但如果你這次預算真的少得可憐，那硬拍影片有時候並不是個好主意，因為受眾對影片的印象，就會直接轉化成對品牌的印象。這種時候不妨嘗試運用其他比較平面宣傳或圖文宣傳的方式來做，例如製作知識型懶人包、單元 2-5 提過的動態照片，或是現在社群媒體上流行的短篇漫畫。

　但無論是哪一種都還是要做品質的把關，畢竟還是那句話，這些都會被受眾轉化成對你的品牌的印象，因此一樣不可不慎。

要怎麼最大化影片的價值？
強化與延伸影片的影響力

很恭喜你，即將讀完整本書的你，已經擁有足夠的知識來幫公司或單位，甚至是自己創建的品牌與服務，策劃一支精彩又有效的廣告行銷影片，不過我相信讀到這裡的人都能深深感覺到一件事情：

> 策劃一部影片真的很不容易，
> 因此應該要好好地善用
> 你好不容易出錢出力做出來的影片。

除了一些已經置身在潮流之外的老品牌跟商品（像是維大力、斯斯感冒膠囊之類），一部影片行走江湖 20 年的狀況早已不復存在，當今一般影片的「使用期限」少則一季（像是新品上市這種），最多 3~4 年（像是品牌形象片跟企業簡介片），有時候是本身廣告時效已過，有時候是借用的時事梗創意效力已過，有時候單純就是禁不起日新月異的拍攝技術的挑戰，成為一部部失去「廣告效力」的古董影片。

因此懂得如何讓影片「保鮮」或「發揮最大影響力」，這是我每次跟客戶溝通時，其中一個重要的討論重點。

畢竟錢都花了，當然要花得值得、讓效果最大化。下面有三種方式，能夠幫助你讓一個成功的廣告行銷影片發揮出超量的影響力。

搭配足夠的行銷預算來「感染」受眾

在本書 Part 1 就有特別說過，雖然好的影片有一定的影響力，能夠改變受眾的印象、想法，甚至創造行動、改變習慣，但單一影片絕非萬能。而在 Part 2 裡我也聊過觀眾對廣告行銷影片的「免疫反應」，除了用「強化娛樂」來降低觀眾在認知上的抗拒，想要讓受眾成功「發病」，還有另一個重要的因素：病毒本身的數量。

> 換成行銷上的概念，
> 就是要增加受眾看到這個影片的次數或頻率，
> 更簡單說，就是得花些錢來推播你的影片。

一般來說，創意設計得當的影片可能只要出現在受眾眼前 1~2 次，就能讓他們成功關注，但可能還得再出現個 3~5 次才足以讓他們採取行動（關注品牌、產生購買行為），如果影片創意設計較差，就得用曝光「次數」來彌補受眾主動關注的意願。

當然，創意設計得非常漂亮的影片，很可能在首波行銷推廣就能產生倍數成長的討論跟關注，但無論如何，影片的成功都需要依靠足夠的行銷推廣預算作為成功的基礎、搶灘的後盾。

那需要規劃多少的行銷預算才足夠呢？這當然是 case by case，而且屬於廣告媒體與數位行銷這類公司的專業，但基本上以現在的網路行銷來說，影片通常會佔整個年度行銷預算的 20%~30%，也就是說，如果你的影片要花費 30 萬左右拍攝，那合理的總體行銷費用抓在 100~150 萬才容易達到理想的行銷效果。

用影片當開端做出有延續性的 IP

行銷預算的概念有了之後，還有哪些方法能讓你的影片製作費花得更加值得、創造出最大價值呢？

> 其中一種我很常建議客戶的方法
> 就是打出「連續技」，延續這次影片創意
> 做出「系列」影片，或用業界說法
> 把影片的創意概念做成一個 IP。

IP 是 Intellectual Property 的簡稱，直翻為智慧財產權，在影視界則常被當作有延伸性跨媒體的創作的代稱。

受眾在被這影片「系列」打到的時候，更容易勾起他們的好奇跟興趣，主動搜尋、關注、轉發跟留言互動。當今在用廣告行銷影片做出系列 IP 的方法大致分為兩種：

» 延續創意格式做出系列

運用同一個創意做出概念一樣、內容不同的影片，像是 Part 2 中談到蘋果當年的「Get a Mac.」系列廣告，或是美國 Direct TV 的「蝴蝶效應」的系列廣告，都有出過這樣的「系列」IP，之前台灣統一麵做的系列微電影廣告「小時光麵館」，雖然每個故事差異甚大，但影片架構跟調性一樣，也可歸類在這種「系列」IP 裡。

如果不是拍好幾支影片，而是在同一個 30 秒或 1 分鐘影片裡不斷重複同一個創意，這樣也能達到類似的效果，也算是用延伸創意格式來做出「系列」IP。像是之前日本拍的洗腦 Wonder CORE 廣告或是台灣之前的中華航空「說好的旅行」廣告，就是運用這樣的方法來加深觀影者的印象，對於注意力極短的受眾來說相當適用。

NOTE　影片參考清單「4-5-1【小時光麵館】第一季｜第 1 話：栗子蛋糕」

NOTE　影片參考清單「4-5-2【日本 CM】創意洗腦收腹器廣告新版剛力彩芽被達摩撞飛」

NOTE　影片參考清單「4-5-3 說好的旅行，是要出發了沒？」

» 延續劇情跟角色做出系列

另一種系列 IP 的做法，就是延續創意中的劇情跟角色，創造觀看「小連續劇」的感受，讓觀眾對影片中的角色產生情感，對他們發

生的故事產生好奇與關心，而願意「主動」去搜尋、去觀看這系列的廣告宣傳影片。

從行銷角度來看這種手法是很有效率的，因為只要受眾看到其中一支影片就可能會主動觀看整個系列的影片來洗自己的腦。日本最出名的系列廣告「LOTO7」、「撕撕軟糖」都屬於此類，台灣也做過類似的（亂抄 LOTO7 創意的那些除外），像是之前紅極一時的舒潔 VIVA 廚房紙巾「一秒順媳養成班」系列廣告、「一秒順媳·后傳」系列廣告，還有 foodpanda「菜鳥決勝點」系列廣告。

NOTE 影片參考清單「4-5-4（日本創意）樂透 7」

NOTE 影片參考清單「4-5-5 超有病的日本軟糖廣告」

NOTE 影片參考清單「4-5-6 舒潔 VIVA 廚房紙巾 一秒順媳養成班」

NOTE 影片參考清單「4-5-7 舒潔 VIVA 廚房紙巾【一秒順媳·后傳】」

NOTE 影片參考清單「4-5-8 菜鳥決勝點：第一至第五話」

🔅 創造能跨媒體傳播的故事、角色與議題

影片如果能夠不全然依靠原本的行銷推廣被受眾不斷轉發，進而逐漸擴散開來，那當然是不錯，但如果能炒出話題來，讓其他媒體（新聞、雜誌等）或自媒體（YT 頻道、部落格或 podcast 等）來報導跟討論，那這個影響力就能上升到另一個層次！

當然，部分的媒體跟自媒體資源是可以用行銷預算買得到的，但

那頂多只是讓一開始的傳播有多一點的動能。

> **真正能讓影片產生爆炸性的傳播，**
> **就必須要借助「故事行銷」**
> **跟「議題行銷」的魅力。**

什麼是故事跟議題行銷呢？那就是透過影片激發出觀眾對影片中人物或議題的討論，有些人會留言並 @ 同樣關注這件事的朋友來看，有些人則會直接轉發到自己的發言平台上，對這件事進行評論，只要這個討論不至於造成大家對公司跟品牌的負面印象，那這都是好事，也是讓這個影片創意能觸及到更多受眾的其中一種方法。

社會實驗式的實境影片，就很常用來包裝議題，像是幾年前 104 人力銀行拍的「不怎麼樣的履歷篇」廣告，引發了年輕求職族群一陣瘋狂地討論。或是前一陣子翰林雲端學院做的「世上唯一的問卷」廣告，引發大量觀眾對於父母教育方式的熱烈討論，當然他們於此同時也讓許多人因此關注起他們的公司跟品牌。

NOTE 影片參考清單「4-5-9 104 人力銀行 不怎麼樣的履歷篇」

用故事人物來創造討論也是常見的手法，這種手法很適合選用微電影廣告或微紀錄片這兩種類型來呈現。比較經典的案例有多年前大眾銀行拍的「母親的勇氣」廣告，是改編自一位台灣真實的阿嬤

出國找女兒的故事，不但感動千萬人的內心，至今這個廣告的身影已跨越多種媒體，觀看跟傳播次數已無法計算。全國電子幾乎每年過年也都會拍感人廣告，像是前幾年拍的「被忘記的餐桌」，就成功掀起網友對於多久沒回家吃飯的討論。

NOTE 影片參考清單「4-5-10 大眾銀行 母親的勇氣 電視廣告」

NOTE 影片參考清單「4-5-11 ▼被忘記的餐桌▲ 全國電子 2018」

不過若要掀起議題討論，一定要先做足功課，尤其是受眾的觀念跟立場這一塊，否則有時候容易引起反效果，這在 Part 1 談受眾分析的時候有稍微提到過。例如 7-11 曾拍過一支叫「最強工具人」的廣告，講述一名男子分手後還在當前女友的工具人的故事，引起大量的男性受眾反彈，覺得影片傳播不良觀念，因此廣告公司只得把廣告緊急下架。

NOTE 影片參考清單「4-5-12 無言的 7-11 工具人廣告」

反過來想，如果你本身並不想因為影片引發一些涉及政治正確議題的討論，那在創意階段就該做這部分的評估。例如，前面提過的「一秒順媳」系列，就有碰觸到有點敏感的家中女性地位的問題，當時是有引發一些網友反彈，但大多觀眾都願意把這個廣告當成娛樂，因此也沒有特別被釘上拷刑台而安全下莊，我相信並不是僥倖，而是廣告公司在做這個創意的時候就已經做過風險評估。

⑤ 案例討論：教育部育兒津貼廣告（加值方案）

前面一直提到我編導的「教育部育兒津貼」廣告，其實後來在製作過程中，才發現原來客戶同步有找其他團隊用不同的創意做了另一支宣傳影片，從爺爺奶奶的角度去說明政策內容。其實這樣做也並沒有不對，畢竟有些單位習慣不把雞蛋放在同一個籃子裡，多拍幾支總有比較成功的會出線，只是看完這章節的各位應該會知道我想說什麼，如果一開始有把這幾支宣傳廣告規劃成「系列」，那或許有機會把宣傳效果放大好幾倍。

那如果我是策劃者會怎麼做呢？我應該會把影片製作預算平均分配在 3~4 支的影片上，做成同樣是用「家庭真人秀」這個創意來發想出的系列廣告，而且是聚焦在一個家庭上，角色在這 3~4 支影片裡會重複出現，用互有關聯的劇情展現出「夫妻」、「祖父母」、「父子」、「祖孫」間充滿喜感的互動，我相信如果是這樣設計的話，不但這些影片更容易被受眾關注，也更容易引發話題創造二次傳播。

不過如果我們這支影片裡的小家庭，在未來還有機會以相似的創意形式出現在其他政府單位的宣傳影片裡，那還是有機會做成「系列 IP」，創造出更強的傳播力與更多的話題性。會不會就這樣創造了幾個陪伴台灣觀眾一起成長的有趣角色呢？

NOTE	影片參考清單「4-5-13 0-6 歲國家一起養」
NOTE	影片參考清單「4-5-14 0-6 歲國家一起養—照顧更全面，家庭更輕鬆（阿公阿媽篇）」

 小演練

試著分析你正在策劃的影片創意，看是否有透過本章節提到的方法加值的可能，看看是否有機會包入能引起討論的「議題」或用你的故事及人物創造出「系列 IP」。

延伸討論一：影片後期修改次數與幅度怎麼認定？

這個問題還真的很常見，因此我還是決定用一篇延伸討輪文章做說明，不過我覺得，雙方會「鬧到」這樣的狀況，多少代表前面合作過程中有許多顛簸，只是到了後期這個階段有了「名正言順」的理由爆發出來而已。

我先嘗試從「追加費用」發生的當下開始討論，然後再往回溯源，找出問題核心以及如何避免這樣的事情發生。

🔄 合約的立意是要讓雙方互信互重

　　"5.2 於製作期間，如因甲方提出較大幅度修改或重新製作，致費用增加時，雙方得協議追加費用及更改交片日期。"

　　單元 3-7 職能訓練，我提供給大家參考的合約書樣板裡，其實連「修改次數」都沒有提及，為什麼呢？答案就是因為它不好認定，當然你還是可以寫明修改次數，也可以嘗試寫清楚修改幅度的百分比，但這都仍無法解決認定的難度。

　　其實我的看法很簡單，當初簽約時在合約上載明次數或幅度絕對不是用來「秋後算賬」的，簽合約的意義原本就是希望雙方合作能順利，是一種願意互相尊重、互相信任的象徵。因此與其討論「如何認定」修改次數與幅度，更應該討論「為什麼要這樣規定」。

　　其實會寫上「修改次數」，不見得是真的只能改多少次，畢竟有時候一些小幅度的來回修改在合作的過程中很難避免，而是希望客戶每次給到「修改意見」時，都可以更慎重也收集得更完整，除了提升效率外，也不會因此增加後期人員工作的時間，進而產生額外的費用。只要雙方有這樣基本的共識，製作團隊站在服務客戶的立場，哪怕是多來回改了幾次，其實也不會計較那麼多。

　　寫上「修改幅度」也是類似的意思，只是想要提醒客戶在合作的過程中，更重視前期規劃的縝密性，不要到了後期才在放馬後砲，同時也會希望客戶在給予「修改意見」時，盡量能給得精準些（這樣修改幅度感覺比較小），不要只是給大範圍的感受或很籠統的想

239

法，例如「我覺得前面的節奏有點太慢」，這樣除了會讓團隊很頭痛，也很難估算實際上的「修改幅度」。

實際遇到合作問題時怎麼處理

但有時候真的跟團隊溝通不良，以至於怎麼修改好像都改不到位，而製作團隊也逐漸失去服務客戶的耐心。這時候有些製作方確實會依約提出要「追加費用」，那這時該怎麼處理比較好呢？

» 追加修改或補拍的費用

如果經過判斷，覺得是前面雙方溝通有些斷層（先不論是誰的問題），但如今已經弭平了這些認知上的落差，雙方對於影片的期望值已經越來越接近，那這時繼續合作把作品做完似乎是合理的決定，畢竟如果要臨時更換團隊實在是費時又費力。如果是這樣的狀況，就可以跟製作團隊商議追加費用的多寡，盡快讓案子能夠收尾、交片。

» 終止合作另外找團隊收尾

如果雙方關係已經非常惡劣，或是雙方對於影片的最終樣貌，想法上真的落差太大（一樣先不論是誰的問題），無法取得共識，那這時後可能更適合「終止」這個合作。我在單元 3-7 談合約內容時曾有提到「終止合約」跟「解除合約」的差別，在上述這種狀況下，如果客戶還希望能保有當前案子的拍攝素材、半成品跟工作檔案，

那應該選擇用「終止」的方式，並另尋適合的製作團隊接手。如果會擔心遇到製作團隊不願意交出素材與工作檔案的狀況，可以提前在合約中載明。

預防勝於治療

總歸來說，沒有人希望走到合作破局這一步，而且如果能避免尷尬的「追加費用」的情況那當然更好，其實只要有好好讀透這本書的內容，要預防這種狀況發生一點都不難，我這邊再幫大家複習一下。

- 首先，盡量找有經驗的團隊，不要只是貪價格便宜。

- 再來，從前期籌備開始，就要讓有決定權的長官或老闆參與重要討論，不要因為想邀功或怕頂頭覺得自己能力不足，總是最後才邀他們參與討論。

- 最後，在跟團隊議價時，不要真的刀刀見骨，這樣除了能避免雙方在一開始就有不舒服的感受之外，更多也是在幫製作團隊預留一點突發狀況的緩衝費用。

延伸討論二：影片委製案到底該不該包「行銷」？

情境討論

　　長官／老闆希望招標影片製作團隊時，同時在標書中要求把影片傳上網後的「點擊量」做為 KPI（Key Performance Indicators，關鍵績效指標），或希望來標案的團隊能提出所謂「行銷加值方案」，贈送能增加影片觀看量或按讚量的額外方案。但這樣做是否對影片的傳播真的有幫助呢？

　　這幾年我參與過太多這樣的標案，不是標書上寫著「保證影片點擊量／觀看量要達 100 萬人次」就是「團隊應提供行銷宣傳加值方案」，明明是「影片製作」的案子，卻因為這個附帶條件，反而都是招到「行銷公關」或是「電視台團隊」，因為只有他們能運用原有的資源，「贈送」廣告時間或額外的社群媒體傳播規劃。

　　但重點來了，那他們做出來的影片會比本身專業在「影片製作」

的團隊好嗎？這個問題很值得思考，畢竟最後如果做出來的影片很「電視台風」或太過「有社群味」，有時候反而違背了一開始製作這支影片的目的。

況且，這些團隊「贈送」這些東西，也不是不用付出成本，最起碼得付出相應的人力成本，那這塊肯定還是會從影片製作的成本中挖出來，所以想取巧「做影片包行銷」最後影響到的，還是影片本身的品質跟效果。

有些團隊為了省成本，還會乾脆找「水軍」來衝點擊量／流量，或是讓公司同事們協助到處轉發、張貼影片連結，這樣做或許能衝出 100 萬的流量，但也只是個數字而已，即便真的有推廣出去，打到的很可能都是不正確的受眾，對行銷完全沒有幫助。

影片並非萬能，它只是行銷計畫的一個工具

我從這本書 Part 1 裡面，就有說過一個重要觀念：影片絕非萬能。這邊我還想要再強調一遍，影片本身就只是行銷漏斗中的一個工具而已：

> 一支影片即便「爆紅」，
> 也不見得代表轉換率也會飆升。

我相信所有客戶在制定這些附帶條件時，內心肯定不只是想要那表面上膚淺的 KPI 數字，一定也是希望影片能傳播出去，扎扎實實地得到 100 萬人次的點擊／觀看量，最好是這 100 萬人次的流量裡，大部分都打到了真正的受眾。如果這是你的目標，那就得回歸到 Part 1 跟 Part 2 所提到的內容，用縝密的策劃來做出一個能反映品牌與公司專業度、能完成所設定目標、能贏得受眾青睞，擁有實實在在傳播力的優質影片，這真的沒有捷徑。

需要流量時的正確開啟方式

現在你知道「影片製作」跟「推廣行銷」是兩件事了，但 100 萬人次的 KPI 還在啊！這時候要怎麼做才能兼顧影片的品質，以及做出來之後的傳播力呢？莫驚慌！只要觀念正確，有的是辦法。

» 讓製作團隊搭配原有內／外部行銷團隊

最簡單也最自由（是指製作影片類型及風格上的自由）的方式，當然就是還是找專業的影片製作團隊合作，然後讓他們搭配原本的品牌／商品行銷團隊（無論是公司內部或外聘團隊）一起開會討論，確保影片在行銷規劃中能在對的位置上發揮出最大的效果，達到該行銷階段的目的。

當然如果打算這樣，其實可以先跟行銷團隊開會，訂出影片的大致方向（影片需求表）後再來招攬製作團隊，這就比較接近後來台北世大運的做法。

» 找同時有粉絲量 & 製作底子的團隊合作

我在 Part 1 一開始講到微紀錄片時，有提到過類似「一條」或「一件襯衫」這樣擅長製作微紀錄片的網路頻道，他們本身擁有大量的粉絲，本身也有相當的製作（或監督製作）的功底，如果你想要做的是類似風格的微紀錄片，那跟這類頻道合作有可能是個好選擇，畢竟影片拍完上架之後就能確保一定量的觀看數、按讚數，甚至如果策劃得宜還會有很多轉發數。「哈哈台」是另一個自帶流量的頻道，他們主要是在做「網路節目」和「創意業配廣告」，而像是「阿翰 po 影片」這樣的個人頻道，也常藉個人特色做創意短片、創意業配廣告。

如果你想策劃的影片類型跟風格與這些頻道相似，受眾也相對接近該頻道的受眾（很重要！），那確實可以考慮跟這樣的團隊合作，不過通常有相當粉絲量的頻道，合作費用也不低，畢竟「nothing is free」。

» 改招標「行銷案」而非「影片製作案」

如果你們並沒有內部或外部的行銷團隊，那最正確的方式還是：

> 不要取巧招攬「願意贈送行銷資源或流量的製作團隊」，而要直接找「能做完整行銷計畫，可同時製作與推廣影片的行銷團隊」。

在過往可能是直接花費數百萬甚至千萬雇用廣告公司，但根據現在大家預算緊縮的狀況（同時廣告行銷生態也已大翻盤），現在比較中小型的企業或品牌多半會找類似「公關媒體」或「數位行銷」的公司合作，費用也較過往廣告公司便宜許多（當然服務也少了很多）。

這些熟悉新媒體與社群媒體操作的公司跟團隊，同時也都會監督行銷計畫中所需影片的製作，他們本身很重視這些影片的傳播力與流量（真實有效的流量），並且還會根據實時數據做行銷規劃的調整，能讓本身不熟悉廣告行銷的客戶減少很多煩惱。

職能訓練：拍攝預算 V.S.
成片樣貌實際演練

在本書最後一個職能訓練裡，我想要讓願意堅持把這本書看完的你，運用所學到關於「影片策劃」的知識來做一個很有意思的練習。在單元 4-3 裡，你有看到「估價單」的樣貌以及其中項目高低價差，也知道價格差異的原因。

> 在這最後的總演練裡，我要讓你直接感受到「價差」是如何轉換成「成片等級的差異」。

下面是兩份同一個品牌（台北東區某燒肉店）的廣告行銷影片「估價單」，同樣都是屬於形象影片這個類型，同樣都是 1 分 30 秒左右的時長，需要拍攝到的畫面要求也幾乎一樣（食材、技術、環境、客人），但是這兩部的報價卻有明顯差距。

你的任務是：找出兩份估價單上的明顯差異，預判它們如何反映在最終成片裡，然後再透過觀看兩部成片感受其中的差異。

特別註記：其實兩部投放廣告的效果都算不錯，只是放在行銷漏斗上的位置，以及受眾得到的資訊與感受不太一樣，相應產生的行動（或搭配行銷計畫的方式）也有所不同。

*註記：為尊重當時執行團隊與客戶間的保密協議，這兩份估價單僅做「模擬還原」，並非當時團隊真正的估價單，上面所列價格是依據 2021 年報價基準來做，僅供參考。

Step 1：比較以下 A、B 兩估價單的項目與單價差異，將差異寫下來或標示出來。

估價單 A

專案名稱：餐廳形象影片					
製作規格：4K 拍攝 / 交 HD 檔案					
影片長度：1 分 30 秒					
ITEM 項次	DESCRIPTION. 說明	UNIT PRICE 單價	UNIT 單位	QTY 數量	PRICE 費用
1	* 導演	13,000	/ 版	1	13,000
2	* 執行製片	10,000	/ 版	1	10,000
攝影 / 燈光					
3	* 攝影師	8,000	/ 班	1	8,000
4	* 攝影助理 X2	6,000	/ 班	1	6,000
5	* 攝影器材	10,000	/ 班	1	10,000
6	* 燈光器材	5,000	/ 班	1	5,000

	後期製作				
7	* 剪接（含簡易調色）	1,200	/ 時	20	24,000
	聲軌製作				
8	* 音樂版權（罐頭音樂 / 含配樂剪接）	6,000	/ 版	1	6,000
9	* 製作雜支（餐飲、交 通、油費 ... 等）	5,000	/ 式	1	5,000
	小　　　計				87,000
	稅　　　計				4,350
	總　　　計				91,350
說明	1. 本報價單之有效日期為十五日。				
			客戶 確認		

估價單 B

專案名稱：餐廳形象影片					
製作規格：4K 拍攝 / 交 HD 檔案					
影片長度：1 分 30 秒					
ITEM 項次	DESCRIPTION 說明	UNIT PRICE 單價	UNIT 單位	QTY 數量	PRICE 費用
1	* 導演	32,000	/ 版	1	32,000
2	* 企劃創意 / 影片腳本	12,000	/ 版	1	12,000
	* 製片	30,000	/ 版	1	30,000
	攝影 / 燈光				
3	* 攝影師	12,000	/ 班	1	12,000
4	* 攝影助理 X2	6,000	/ 班	1	6,000

5	*攝影器材 (含機上收音麥克風 / 無線麥克風)	18,000	/ 班	1	18,000
6	*燈光師	8,000	/ 班	1	8,000
6	*燈光助理 X1	4,000	/ 班	1	4,000
6	*燈光器材	10,000	/ 班	1	10,000
後期製作					
7	*剪接	1,200	/ 時	30	36,000
	*2D 特效、字幕	1,500	/ 時	20	30,000
	*調色	8,000	/ 時	3	24,000
聲軌製作					
8	*音樂版權 (原創配樂)	18,000	/ 版	1	18,000
9	*混音製作費	15,000	/ 版	1	15,000
	*錄音室使用費	2,000	/ 時	5	10,000
	*主要演員 (2 位)	30,000	/ 班	1	30,000
	*群眾演員 (6 位)	9,000	/ 班	1	9,000
	*梳化妝師	12,000	/ 班	1	12,000
	*製作雜支 (餐飲、交通、油費 ... 等)	12,000	/ 式	1	12,000
小　計					328,000
稅　計					16,400
總　計					344,400
說明	1. 本報價單之有效日期為十五日。				
			客戶確認		

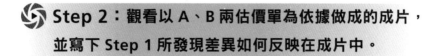

Step 2：觀看以 A、B 兩估價單為依據做成的成片，並寫下 Step 1 所發現差異如何反映在成片中。

[估價單 A] 最終成片 A：

NOTE 影片參考清單「4-8-1 [估價單 A] 最終成片 A」

[估價單 B] 最終成片 B：

NOTE 影片參考清單「4-8-2 [估價單 B] 最終成片 B」

🔅 兩份估價單與成品的比較解答

» **差異 1：估價單 B 比估價單 A 多出「導演」與「創意／腳本」費。**

● 解析：

> 成片 B 明顯比成片 A 多了「腳本設計」的複雜度以及「演員指導」的部分，成片 B 在創意／腳本及導演層面，確實需要耗費更多的時間與功夫。

» **差異 2：估價單 B 的攝影師費用為 12000，估價單 A 的為 8000。**

● 解析：

> 兩支影片的攝影師技術等級明顯不同，成片 A 更偏向「活動／紀錄型」的攝影師，成片 B 屬於拍攝「形象影片」的攝影師，除了基本攝影能力，對於燈光與氛圍的敏銳度要更高。

» **差異 3：估價單 A 的攝影器材費用是 10000，估價單 B 則為 18000，且含簡易收音器材。**

● 解析：

> 根據成片 A 的畫面，推估攝影師是使用相對簡單的鏡頭在拍攝（可能是使用了活動攝影常用、方便性高的「變焦鏡頭」），且畫面裡沒有聽到「現場聲音」，直接用配樂搭配了無聲影片素材來剪接，因此沒有額外租用收音設備。

> 成片 B 裡除了明顯感覺畫面質感有大幅提升之外（可能是使

用了幾顆焦段不同的「定焦鏡頭」），還能聽到各種富有臨場感的聲音，這些聲音素材一定是用非攝影機內建的收音設備所錄下來的。

» 差異 4：估價單 A 沒有「燈光師與燈光助理」，估價單 B 則有，且燈光器材費用較高。

- 解析：

成片 A 的畫面偏向「生活紀實」，拍攝時多半採用現場既有的光源。成片 B 的畫面光線充足且均勻，尤其在肉品的特寫上下足了打光的功夫，確保商品能以最誘人的方式呈現給受眾。

» 差異 5：估價單 B 比估價單 A 多出 10 小時的「剪接」工作時間，估價單 B 還多規劃了 20 小時的「2D 特效、字幕」項目。

- 解析：

兩支影片在剪接複雜度上，成片 B 明顯比成片 A 複雜許多，不但腳本有「故事性」，還得搭配音樂節奏做畫面變速，因此多出了 10 小時（1 天左右）的剪接工作時間。

特效與字幕方面，成片 A 裡只有最後尾板的簡單 logo 動畫要製作，因為沒有旁白，也就不需要做影片下方的字幕，因此沒有額外立項，而成片 B 裡除了有好幾個橋段需要做 2D 特效動畫，還有大量的旁白需要轉換成影片字幕，所以才會多出 20 小時（差不多 2 天）「2D 特效、字幕」的工作時間。

» 差異 6：估價單 A 的「剪接」項目裡有包含「簡易調色」，
  但估價單 B 則把「調色」工作額外分出來做。

  ● 解析：

    成片 A 在調色方面最多只是讓素材的色調不要差異太大，影
    響受眾的觀影感受，這樣的簡易調色工作通常在剪接師使用的
    「剪接軟體」中就能做到，因此沒有額外發調色。

    但成片 B 為了讓食物看起來更垂涎可口、店內氛圍更有感覺，
    因此特別安排了專業調色，使用專屬調色軟體與調色器材，細
    調每個畫面，拉高影片整體質感，讓受眾更能身歷其境。

» 差異 7：音樂版權屬性與費用不同，估價單 A 為「罐頭音
  樂」，費用為 6000，估價單 B 為「原創配樂」，費用為
  18000。

  ● 解析：

    成片 A 在配樂的部分，只需要負擔罐頭音樂的版權費用與音
    樂的剪接處理費。成片 B 因為希望能讓受眾留下對品牌的獨特
    印象，請配樂師製作原創配樂，而且根據單元 4-3 的收費標準
    來說，這個價格還已經有稍微優惠打折過了。

» 差異 8：估價單 A 沒有「錄音」與「混音」的項目，估價單
  B 則有。

  ● 解析：

    成片 A 從頭到尾只用了罐頭音樂來串整支影片，而成片 B 除

了配樂（原創配樂）之外，還需要請演員到錄音室錄製影片旁白，錄好之後還要請混音師把「配樂」、「旁白」與「現場聲音」做適當的混合，讓三種音源不會相互打架。

» 差異 9：估價單 A 沒有「演員（主演與群演）」與「梳化」的項目，估價單 B 則有。

● 解析：

成片 A 因為採用偏「生活紀實」的方式拍攝，因此並沒有所謂的「演員」，客人們也幾乎都沒有近景、特寫或甚至中景的畫面，也因此沒有「梳化」的需求（店員可能就都請他們自己整理儀容）。成片 B 則因為除了店員外，其他都是演員，特寫表情畫面也很多，因此「梳化」就非常重要，否則演員臉上的小缺陷很容易被看出來，影響受眾觀影與觀感。

» 差異 10：估價單 A 與估價單 B 的劇組雜支費用不一樣，估價單 B 多出 7000。

● 解析：

綜合上面的差異分析，可以發現成片 B 所需要的「劇組工作人員數量」比成片 A 多出許多（要照顧的人比較多），因此在餐費、交通與劇組耗材等「雜支」的這個項目上，需要更多人力的劇組費用自然也會比較高。

【View 職場力】2AB961

我的第一本廣告行銷影片企劃實戰書

作者　　　　楊易
責任編輯　　黃鐘毅
版面構成　　江麗姿
封面設計　　任宥騰
行銷企劃　　辛政遠、楊惠潔

總編輯　　　姚蜀芸
副社長　　　黃錫鉉
總經理　　　吳濱伶
發行人　　　何飛鵬
出版　　　　創意市集
發行　　　　城邦文化事業股份有限公司
　　　　　　歡迎光臨城邦讀書花園
　　　　　　網址：www.cite.com.tw

香港發行所　城邦（香港）出版集團有限公司
　　　　　　香港灣仔駱克道 193 號東超商業中心 1 樓
　　　　　　電話：(852) 25086231
　　　　　　傳真：(852) 25789337
　　　　　　E-mail：hkcite@biznetvigator.com

馬新發行所　城邦（馬新）出版集團【Cite(M)Sdn Bhd】
　　　　　　41,jalan Radin Anum,
　　　　　　Bandar Baru Sri Petaling,
　　　　　　57000 Kuala Lumpur,Malaysia.
　　　　　　電話：(603) 90563833
　　　　　　傳真：(603) 90562833
　　　　　　E-mail:cite@cite.com.my

印刷　　　　凱林彩印股份有限公司
　　　　　　2022 年 (民 111) 1 月 初版一刷
　　　　　　Printed in Taiwan.
定價　　　　380 元

如何與我們聯絡：
若您需要劃撥購書，請利用以下郵撥帳號：郵撥帳號：19863813　戶名：書蟲股份有限公司

若書籍外觀有破損、缺頁、裝訂錯誤等不完整現象，想要換書、退書，或您有大量購書的需求服務，都請與客服中心聯繫。

客戶服務中心
地址：10483 台北市中山區民生東路二段 141 號 B1
服務電話：(02) 2500-7718、(02) 2500-7719
服務時間：週一至週五 9：30 ～ 18：00
24 小時傳真專線：(02) 2500-1990 ～ 3
E-mail：service@readingclub.com.tw

※ 詢問書籍問題前，請註明您所購買的書名及書號，以及在哪一頁有問題，以便我們能加快處理速度為您服務。

※ 我們的回答範圍，恕僅限書籍本身問題及內容撰寫不清楚的地方，關於軟體、硬體本身的問題及衍生的操作狀況，請向原廠商洽詢處理。

※ 廠商合作、作者投稿、讀者意見回饋，請至：
FB 粉絲團 ‧ http://www.facebook.com/InnoFair
Email 信箱 ‧ ifbook@hmg.com.tw

國家圖書館出版品預行編目資料

我的第一本廣告行銷影片企劃實戰書/ 楊易 著.
-- 初版 . -- 臺北市：創意市集出版：城邦文化
發行 , 民 111.1
面；　公分

　ISBN　978-986-0769-62-3 (平裝)
　1. 廣告片 2. 廣告製作 3. 行銷傳播

497.4　　　　　　　　　　　110020097